游戏设计与开发

Python游戏

编程入门

[美] Jonathan S.Harbour　著　　　李强 译

人民邮电出版社

北　京

图书在版编目（CIP）数据

Python游戏编程入门 / （美）哈伯（Harbour, J. S.）
著；李强译. -- 北京：人民邮电出版社，2015.1
ISBN 978-7-115-37511-7

Ⅰ．①P… Ⅱ．①哈… ②李… Ⅲ．①游戏程序—程序
设计 Ⅳ．①TP311.1

中国版本图书馆CIP数据核字(2014)第272294号

◆ 著　　　　[美] Jonathan S.Harbour
　 译　　　　李　强
　 责任编辑　陈冀康
　 责任印制　张佳莹　彭志环
◆ 人民邮电出版社出版发行　　北京市丰台区成寿寺路 11 号
　 邮编　100164　　电子邮件　315@ptpress.com.cn
　 网址　http://www.ptpress.com.cn
　 北京七彩京通数码快印有限公司印刷
◆ 开本：800×1000　1/16
　 印张：19.25　　　　　　　　2015 年 1 月第 1 版
　 字数：360 千字　　　　　　　2025 年 3 月北京第 51 次印刷
　 著作权合同登记号　图字：01-2014-6322 号

定价：69.80 元
读者服务热线：(010)81055410　印装质量热线：(010)81055316
反盗版热线：(010)81055315

内 容 提 要

  Python 是一种解释型、面向对象、动态数据类型的高级程序设计语言，在游戏开发领域，Python 也得到越来越广泛的应用，并由此受到重视。

  本书教授用 Python 开发精彩游戏所需的最为重要的概念。本书不只是介绍游戏编程概念的相关内容，还深入到复杂的主题。全书共 14 章，依次介绍类、Pygame、文件 I/O、用户输入、数学和图形编程、位图图形、精灵动画和冲突检测、数组、计时和声音、编程逻辑、三角函数、随机地形、角色扮演游戏等重要的知识和概念。每章通过一个示例游戏来展示这些知识和工具的实际应用。学完本书，读者将掌握使用这些概念来构建较为复杂的游戏，甚至进行较为复杂的 Python 编程。

  本书内容浅显易懂，示例轻松活泼，适合 Python 初学者阅读，尤其适合想要掌握 Python 游戏编程的读者学习参考。

献辞

　　本书献给 The Game Programming Wiki（www.gpwiki.org）等论坛上孤独的游戏开发者！他们在交互式虚幻小说的创造性工作中投入了巨大的热情，但往往没有得到认可。做你所愿，惠及世界！

致谢

感谢那些使得本书能够完成并付印的人们，特别是 Mitzi Koontz、Jenny Davidson、Keith Davenport、Mike Tanamachi 和 Michael Beady。我要说，特别希望本书能够销售过百万册，这样我就再也不用辛苦工作了，但是，这种说法可能会被误解并被认为是不礼貌的。算了，我还是只说感谢的话吧！

作者简介

Jonathan S. Harbour 从 20 世纪 80 年代开始编程。他的第一款游戏系统是 Atari 2600，他还是一个孩子的时候，就将其拆散在房间的地板上。他编写过 C++、C#、Basic、Java、DirectX、Allegro、Lua、DarkBasic、Game Boy Advance、Pocket PC 和游戏控制台等程序。他最近编写的其他图书包括 *Beginning Java SE 6 Game Programming, Third Edition*、*XNA Game Studio 4.0 for Xbox 360 Developers*、*Multi-Threaded Game Engine Design* 等；他较早的一系列图书包括 *Visual Basic .NET Programming for the Absolute Beginner (2003)*。他拥有信息系统硕士学位。请访问他的个人站点 www.jharbour.com。

前言

本书沿着 *Python Programming for the Absolute Beginner, Third Edition*（Michael Dawson 著）的步伐，继续帮助初学者学习 Python。如果你是初次接触 Python 的话，我强烈建议你先阅读那本书。你将会通过 Dawson 给出的易于掌握的示例，快速学会 Python 语言，这个过程方向清晰、步骤简洁，而且能够掌握重要的概念。Dawson 的书会帮助你起步，因此，本书现在是将你的 Python 提升到更高一点的水平。我们将学习很不错的 Pygame 库，如果你愿意的话，还可以支持 OpenGL 以进行更高级的 3D 渲染！但是，现在我们先不要跑得太远。

本书主要关注的是使用 Pygame 进行 2D 图形开发，而这只是 Dawson 的书的最后一章所关注的内容。Dawson 的书以此话题结尾，而本书从这个话题开始，这使得这两本书相得益彰。

本书教授用 Python 开发精彩游戏所需的最为重要的概念。本书不仅是一本"新手"指南，还深入到复杂的主题，将会使你付出数月的繁忙，在自己的游戏思路中使用这些概念。单单是目标瞄准以及速度这样的概念，不足以让一般的程序员繁忙到开发众多的街机式的射击游戏。这些概念只是在现实策略游戏（RTS）中才能找到，因为正是和用来向目标发射子弹完全相同的概念，也用来把人物向目标移动。

本书不只是介绍游戏编程概念的相关内容。我们首先学习了基础知识，从 Python 类开始，我们介绍了变量数据类型、文本输出、列表和元组，以及其他重要的 Python 语言基础知识。示例从简单的开始，并且当你学到最后几章的时候，将使用学到的所有概念来构建较为复杂的游戏，这意味着我们还将进行较为复杂的 Python 编程。

如果你还没有读过 Dawson 的书，并且也完全是编程新手，在理解本书中的所有代码的时候，你可能会遇到一些困难。那是因为本书是紧随 Dawson 的书之后，因此，两本书并非各自为战。如果你已经有一些编程经验，即便是 C++、Java 或 C#等其他语言的编程经验，那么，还是应该能够很好地学习完本书。

本书是基于 Python 3.2 和 Pygame 1.9 的。使用较早的 Python 版本将无法编译源代码。

章节构成

本书中各章的内容的简单介绍如下。

第 1 章　使用类的 Python

本章从强调面向对象编程的角度给出了 Python 语言的概览。本章介绍了如何创建带有构造函数、方法以及属性的类，还通过一个示例程序展示了和几何相关的几个类。

第 2 章　初识 Pygame：PIE 游戏

本章介绍了 Pygame 库，本书后续的各章都将使用它。Pygame 使得我们能够用 Python 编写带有 2D 图形和位图的图形演示程序和游戏。

第 3 章　文件 I/O、数据和字体：Trivia 游戏

本章介绍如何使用文件输入/输出函数来读取和写数据。示例代码展示了如何打开一个文件，以读取和写入文本和二进制数据。文件访问代码随后将用来开发一个 Trivia 游戏，它带有图形化文本输出，使用 Pygame 的字体支持。

第 4 章　用户输入：Bomb Catcher 游戏

本章介绍了使用 Pygame 实现用户输入，它既是事件驱动的，也是轮询的。这意味着，我们可以响应用户输入事件，或者可以询问 Pygame 是否有用户输入的数据。为了展示用户输入，我们创建了一个叫作 Bomb Catcher 的实时的游戏。

第 5 章　Math 和 Graphics：Analog Clock 示例程序

本章深入到数学和图形的复杂主题，也就是说，使用数学来对图形生成有趣的特殊效果。示例程序展示了如何制作带有真正移动的指针的一个模拟钟表，使用数学方法来旋转指针。

第 6 章　位图图形：Orbiting Spaceship 示例程序

本章初次进入位图图形的世界。可以在内存中创建位图，但是，通常要从一个位图文件加载它，并且在游戏中用作美工图。我们使用位图创建了本章的示例，这是一个太空飞船围绕行星轨道飞行的例子。

第 7 章　用精灵实现动画：Escape the Dragon 游戏

本章进一步深入高级位图编程的话题，这是通过引入 Pygame 的精灵支持而实现的。我们使用这一惊人的功能来创建自己的精灵类以实现帧动画，并且通过带有精灵动画的示例游戏来展示它。

第 8 章　精灵冲突：Zombie Mob 游戏

本章还是与精灵编程相关，展示了如何检测游戏对象与屏幕何时发生冲突，以及如何响应这些冲突。这是大多数游戏逻辑的基础。为了展示这点，我们创建了一个 Zombie Mob 游戏。

第 9 章　数组、列表和元组：Block Breaker 游戏

本章介绍了非常重要的主题，即数组、列表和元组，它们都具有类似的行为。它们的目的是为了包含其他的对象（如精灵），或者只是像数字或名称这样的简单对象。我们使

用这些信息，通过在一个列表中定义游戏的关卡，来创建一款支持关卡设计的游戏。

第 10 章　计时和声音：Oil Spill 游戏

本章介绍了如何使用 Pygame 的定时和音频功能。这些主题不一定相关，但是通常会在一起使用，因为游戏中的声音效果，通常是通过需要某种定时的事件来触发的。我们创建了一个名为 Oil Spill 的示例游戏，以展示这些概念。

第 11 章　编程逻辑：Snake 游戏

本章展示了如何创建经典的 Snake 游戏，以作为学习如何为游戏逻辑编写源代码的工具。这一主题是人工智能的一种简单形式。我们教示例游戏中的贪吃蛇如何自己找到食物而不依靠用户输入。

第 12 章　三角函数：Tank Battle 游戏

本章回到了数学这一整体性的话题，并且介绍三角学如何成为游戏编程的强大工具。我们使用几种三角函数来制作 Tank Battle 游戏，其中坦克的炮塔跟随屏幕上的鼠标光标而旋转，并且这用来瞄准敌人的坦克。

第 13 章　随机地形：Artillery Gunner 游戏

本章介绍了一个相当复杂的主题，为本章的项目 Artillery Gunner 游戏生成随机地形。我们使用矢量图而不是位图来生成随机地形，在其上放置两个相互对峙的大炮，然后，允许玩家和计算机对战，尝试击中对方。这用到了我们学习过的所有数学功能，并且这款游戏真的很有趣。

第 14 章　更多内容：Dungeon 角色扮演游戏

本书最后一章是一个不朽的项目，系统地展示了如何开发一款完整的角色扮演游戏。

附录 A　安装 Python 和 Pygame

这个附录说明了如何安装 Python 和 Pygame。

附录 B　Pygame 按键代码

这个附录包含了 Pygame 中使用的按键编码的列表。

图书资源

本书的资源文件可以通过网络下载。这使得我们能够随时更新源文件，而较为传统的 CD-ROM 则是一次就"固化"了。此外，如果你是真正的开发者，从网络上下载文件比插入 CD-ROM 要快一些，只需要将文件复制到硬盘就可以了。

可以从异步社区（www.epubit.com）下载文件。在那里，你可以通过本书书名、ISBN 或者作者名来搜索，以找到本书资源的链接的列表。

此外，你也可以从作者的 Web 站点 www.jharbour.com/forum 下载本书的源文件。

体例

在任何一章中，本书使用如下体例来突出显示读者应该知道的重要事实和概念。

 这是提示。提示给出了关于当前话题的额外信息或建议。

 这是陷阱。陷阱针对问题给出建议的解决方法，这可能对读者有帮助。

 这是技巧。技巧为读者给出了完成任务的其他方法，读者可能会觉得该方法有用。

现实世界

这是现实世界部分。这个体例给出读者一些现实世界的背景知识，可能会使得该主题更具有相关性。

目录

第1章　使用类的 Python ················· 1
1.1　了解 Geometry 程序 ············· 1
1.2　初识 Python ···················· 2
　　1.2.1　Python 工具 ············· 3
　　1.2.2　Python 语言 ············· 7
1.3　Python 中的对象 ················ 7
　　1.3.1　在面向对象之前是什么 ···· 8
　　1.3.2　接下来是什么 ··········· 11
　　1.3.3　OOP：Python 的方式 ···· 14
　　1.3.4　单继承 ················· 16
　　1.3.5　多继承 ················· 17
1.4　小结 ·························· 19
第2章　初识 Pygame：Pie 游戏 ···· 21
2.1　了解 Pie 游戏 ················· 21
2.2　使用 Pygame ················· 22
　　2.2.1　打印文本 ··············· 23
　　2.2.2　循环 ··················· 24
　　2.2.3　绘制圆 ················· 25
　　2.2.4　绘制矩形 ··············· 26
　　2.2.5　绘制线条 ··············· 28
　　2.2.6　绘制弧形 ··············· 29
2.3　Pie 游戏 ····················· 30
2.4　小结 ·························· 33
第3章　I/O、数据和字体：Trivia
　　　游戏 ························ 34
3.1　了解 Trivia 游戏 ·············· 34
3.2　Python 数据类型 ·············· 35
　　3.2.1　关于打印的更多知识 ···· 36
　　3.2.2　获取用户输入 ··········· 38

　　3.2.3　处理异常 ··············· 39
　　3.2.4　Mad Lib 游戏 ·········· 39
3.3　文件输入/输出 ················ 42
　　3.3.1　操作文本 ··············· 42
　　3.3.2　操作二进制文件 ········· 44
3.4　Trivia 游戏 ·················· 46
　　3.4.1　用 Pygame 打印文本 ····· 47
　　3.4.2　Trivia 类 ············· 47
　　3.4.3　加载 Trivia 数据 ······· 48
　　3.4.4　显示问题和答案 ········· 49
　　3.4.5　响应用户输入 ··········· 51
　　3.4.6　继续下一个问题 ········· 52
　　3.4.7　主代码 ················· 52
3.5　小结 ·························· 54
第4章　用户输入：Bomb Catcher
　　　游戏 ························ 55
4.1　认识 Bomb Catcher 游戏 ······· 55
4.2　Pygame 事件 ················· 56
　　4.2.1　实时事件循环 ··········· 57
　　4.2.2　键盘事件 ··············· 58
　　4.2.3　鼠标事件 ··············· 59
4.3　设备轮询 ····················· 59
　　4.3.1　轮询键盘 ··············· 59
　　4.3.2　轮询鼠标 ··············· 62
4.4　Bomb Catcher 游戏 ············ 64
4.5　小结 ·························· 67
第5章　Math 和 Graphics：Analog
　　　Clock 示例程序 ·············· 69
5.1　Analog Clock 示例程序简介 ···· 69

5.2 基本三角函数 ·················70
　　5.2.1 圆理论 ···············70
　　5.2.2 遍历圆周 ···········74
　　5.2.3 圆示例 ···············76
5.3 Analog Clock 示例程序 ···78
　　5.3.1 获取时间 ···········78
　　5.3.2 绘制时钟 ···········79
5.4 小结 ··························85

第 6 章 位图图形：Orbiting Spaceship
　　　　示例程序 ···············87
6.1 认识 Orbiting Spaceship 示例
　　程序 ·······················87
6.2 使用位图 ·····················88
　　6.2.1 加载位图 ···········88
　　6.2.2 绘制背景 ···········89
　　6.2.3 绘制行星 ···········91
　　6.2.4 绘制航空飞船 ·······91
6.3 环绕行星轨道 ···············94
6.4 小结 ··························100

第 7 章 用精灵实现动画：Escape the
　　　　Dragon 游戏 ···········101
7.1 认识 Escape the Dragon 游戏 ·····101
7.2 使用 Pygame 精灵 ·········102
　　7.2.1 定制动画 ···········102
　　7.2.2 加载精灵序列图 ·····104
　　7.2.3 更改帧 ·············104
　　7.2.4 绘制一帧 ···········105
　　7.2.5 精灵组 ·············106
　　7.2.6 MySprite 类 ·······107
　　7.2.7 测试精灵动画 ·······109
7.3 Escape the Dragon 游戏 ·········110
　　7.3.1 跳跃 ···············111

7.3.2 冲突 ···············112
7.3.3 源代码 ···········113
7.4 小结 ··························116

第 8 章 精灵冲突：Zombie Mob
　　　　游戏 ···················117
8.1 Zombie Mob 游戏简介 ·····117
8.2 冲突检测技术 ···············118
　　8.2.1 两个精灵之间的矩形
　　　　　检测 ···············118
　　8.2.2 两个精灵之间的圆
　　　　　检测 ···············119
　　8.2.3 两个精灵之间的像素精确
　　　　　遮罩检测 ···········120
　　8.2.4 精灵和组之间的矩形
　　　　　冲突 ···············120
　　8.2.5 两个组之间的矩形冲突
　　　　　检测 ···············121
8.3 Zombie Mob 游戏 ·········121
　　8.3.1 创建自己的模块 ·····122
　　8.3.2 高级定向动画 ·······125
　　8.3.3 与僵尸冲突 ·········128
　　8.3.4 获得生命值 ·········129
　　8.3.5 游戏源代码 ·········131
8.4 小结 ··························136

第 9 章 数组、列表和元组：Block
　　　　Breaker 游戏 ·········137
9.1 Block Breaker 游戏简介 ·······137
9.2 数组和列表 ···············137
　　9.2.1 有一个维度的列表 ·····138
　　9.2.2 创建栈式列表 ·······140
　　9.2.3 创建队列式列表 ·····141

9.2.4 更多维度的列表 ········ 141
9.3 元组 ·················· 145
9.3.1 打包元组 ········· 145
9.3.2 解包元组 ········· 145
9.3.3 搜索元素 ········· 146
9.3.4 计数元素 ········· 146
9.3.5 作为常量数组的
元组 ············· 147
9.4 Block Breaker 游戏 ····· 148
9.4.1 Block Breaker 关卡 ····· 148
9.4.2 加载和修改关卡 ···· 151
9.4.3 初始化游戏 ······· 152
9.4.4 移动挡板 ········· 153
9.4.5 移动球 ··········· 154
9.4.6 撞击挡板 ········· 155
9.4.7 撞击砖块 ········· 155
9.4.8 主代码 ··········· 156
9.4.9 更新 MySprite ····· 157
9.5 小结 ·················· 159
第 10 章 计时和声音：Oil Spill
游戏 ·············· 160
10.1 Oil Spill 游戏简介 ····· 160
10.2 声音 ················· 161
10.2.1 加载音频文件 ···· 161
10.2.2 播放音频剪辑 ···· 162
10.3 构建 Oil Spill 游戏 ····· 162
10.3.1 游戏逻辑 ······· 162
10.3.2 源代码 ········· 165
10.4 小结 ················· 169
第 11 章 编程逻辑：Snake 游戏 ···· 170
11.1 Snake 游戏简介 ······· 170
11.2 开发 Snake 游戏 ······· 171

11.2.1 画出蛇来——
SnakeSegment 类 ······ 172
11.2.2 增长蛇——Snake 类 ··· 172
11.2.3 蛇吃食物——
Food 类 ········· 173
11.2.4 初始化游戏 ······ 174
11.2.5 主程序 ········· 176
11.2.6 通过吃食物而长长 ·· 178
11.2.7 咬到自己是不
明智的 ··········· 179
11.2.8 跌落世界之外 ···· 180
11.3 教蛇学会自己移动 ······ 180
11.3.1 自动移动 ······· 181
11.3.2 获得当前方向 ···· 182
11.3.3 朝着食物移动 ···· 183
11.3.4 其他代码修改 ···· 183
11.4 小结 ················· 184
第 12 章 三角函数：Tank Battle
游戏 ·············· 185
12.1 Tank Battle 游戏简介 ··· 185
12.2 角速率 ··············· 186
12.2.1 计算角速率 ······ 186
12.2.2 Pygame 笨拙的
旋转 ··········· 187
12.2.3 以任意角度前后移动
坦克 ············ 188
12.2.4 改进角度折返 ···· 190
12.3 构建 Tank Battle 游戏 ··· 190
12.3.1 坦克 ··········· 190
12.3.2 子弹 ··········· 194
12.3.3 主程序代码 ······ 195
12.4 小结 ················· 201

第 13 章　随机地形：Artillery Gunner
　　　　　游戏 ···········202
　13.1　Artillery Gunner 游戏简介 ····202
　13.2　创建地形 ···········203
　　　13.2.1　定义高度地图 ········203
　　　13.2.2　平滑地形 ·········208
　　　13.2.3　定位栅格点 ········210
　13.3　大炮 ············212
　　　13.3.1　放置大炮 ·········212
　　　13.3.2　绘制炮塔 ·········213
　　　13.3.3　发射大炮 ·········213
　　　13.3.4　让炮弹再飞一会儿 ···214
　　　13.3.5　计算机开火 ········215
　　　13.3.6　为击中计分 ········215
　13.4　完整的游戏 ·········217
　13.5　小结 ············224
第 14 章　更多内容：Dungeon 角色扮演
　　　　　游戏 ···········226
　14.1　Dungeon 游戏简介 ·······226
　14.2　回顾经典的 Dungeon RPG ····227
　　　14.2.1　Rogue ··········228
　　　14.2.2　NetHack ·········229
　　　14.2.3　AngBand ·········230
　　　14.2.4　Sword of Fargoal ····232
　　　14.2.5　Kingdom of Kroz ····232
　　　14.2.6　ZZT ··········232

　14.3　创建一个地下城关卡 ········234
　　　14.3.1　理解 ASCII 字符 ·····234
　　　14.3.2　模拟文本控制台
　　　　　　　显示 ·········238
　　　14.3.3　生成随机房间 ·······241
　　　14.3.4　生成随机的通道 ·····246
　14.4　填充地下城 ···········252
　　　14.4.1　添加入口和出口 ·····252
　　　14.4.2　添加金子 ·········254
　　　14.4.3　添加武器、盔甲和
　　　　　　　生命值 ·········255
　　　14.4.4　添加怪兽 ·········257
　　　14.4.5　完整的 Dungeon 类 ··257
　　　14.4.6　添加玩家的角色 ·····262
　14.5　高级游戏逻辑 ··········266
　　　14.5.1　捡拾物品 ·········266
　　　14.5.2　与怪兽战斗 ·······270
　　　14.5.3　移动怪兽 ·········273
　　　14.5.4　可见性范围 ·······275
　　　14.5.5　退出关卡 ·········277
　　　14.5.6　结束游戏逻辑 ·····277
　14.6　小结 ··············281
附录 A　安装 Python 和 Pygame ······283
　A.1　安装 Python ···········283
　A.2　安装 Pygame ··········286
附录 B　Pygame 按键代码 ·······288

第1章
使用类的 Python

本章是 Python 的一个快速介绍，接触到基本的面向对象编程知识，并帮助读者感受 Python 语言看上去略有些奇怪的语法。Python 既是一种工具，也是一种语言。

根据 Python 标准，它包括了代码的语法和格式。工具是 Python 安装时所带的一个软件包，其中包括一个编辑器。这些内容对于第 1 章来说有点厚重。如果这是你第一次接触 Python 语言，不要被本章的学习步伐给落下，我们马上会介绍一些重要的细节，但是，本书不会随着后面的每一章而变得越来越难。在本章中，你将学到：

◎　如何把 Python 代码输入到 IDLE 编辑器中；

◎　使用 Python 自带的工具；

◎　回顾 Python 语言的功能；

◎　追溯编程语言的历史；

◎　关注最新的编程方法学；

◎　多态和继承；

◎　使用多继承编写一个示例。

1.1　了解 Geometry 程序

本章带你快速地了解 Python 的面向对象编程功能，并且从头开始以"OOP 的方式"加快你使用 Python 编程的速度。如果你不能一次性地了解本章中所涵盖的所有内容，也不要担心，因为我们从现在开始将会在每一章中回顾所有这些概念，同时通过创建游戏来学习（不，是精通）Python 语言。第一个示例如图 1.1 所示。

图 1.1　Geometry 演示程序可以快速地了解 Python 的面向对象编程功能

1.2　初识 Python

　　Python 既是一个软件工具包，也是一种语言。Python 软件包包含了一个名为 IDLE 的编辑器。Idle 是一个人的名字，而不是集成开发（integrated development...）的缩写，尽管 IDLE 看上去有点像是缩写。这个人的名字是 Eric Idle，他是 Monty Python 的创始成员之一，而 Monty Python 则是 Python 语言的名称的由来，Python 是向 British TV 的一部电视剧致敬。Python 语言也很奇怪，因此，它这个名字是很合适的。当然，它是以一种可爱的方式来表现出奇怪。如果你真的是初次接触 Python，并且没有阅读过 Michael Dawson 的入门图书（Python Programming for the Absolute Beginner），那么，你可能会对 Python 不同于其他的编程语言感到惊喜。这使得学习 Python 有了一些挑战，但尽管如此也是值得的。

如果想要下载供你的操作系统使用的最新的 Python 包，请访问 http://www.python.org。

1.2.1　Python 工具

正如人们所预期的那样，Python 包内含 Python 解释器和运行时库，但是，它还包含了几个有用的工具，我们现在来介绍一下这些工具。

Module Docs（Pydoc）

针对不同操作系统的 Python 包是不同的，但大多数常用的包都包含 Python 的文档工具 Pydoc。这个工具是一个较小的搜索工具包，它可以在 Python 文档中查找项目，以列表形式给出搜索结果，然后用默认的 Web 浏览器访问其中任何一项。在 Python 程序组中，这款工具也叫作 Module Docs，如图 1.2 所示。

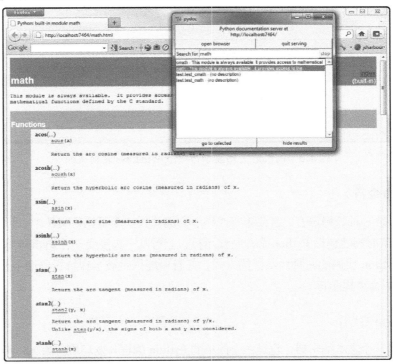

图 1.2　Pydoc 在默认的 Web 浏览器中显示帮助页面

Python Manuals(Pyhelp)

在程序菜单下，还有一个可选的项 **Python Manuals**，它可以以 Windows 帮助文件的形式来显示 **Python** 文档，如图 1.3 所示。这个版本的文档是可搜索的，但是，这可能不是找到想要的信息的一种快速的方式。

图 1.3　Python 文档显示为一个 Windows 帮助文件

Python（命令行）

Python 是一种解释语言，这意味着代码不会编译到一个可执行文件中，而只是实时地解释。这一实时特性包括 **Python** 命令行提示符，它可以一次接受一行 **Python** 命令。当然，这是编写 **Python** 代码的一种局限性的方式，并且可能只是被当作解析器而不是"代码"。图 1.4 展示了命令提示符。

IDLE(Python GUI)

IDLE 是一个文本编辑器，也是一个简单的 **Python** 编程开发环境。图 1.5 展示了 IDLE，其中显示了针对当前正在输入的代码的一个弹出式帮助菜单。在这个例子中，它显示了

print()函数的语法。但是，这不是 IDLE 编辑器，这只是 IDLE 命令提示符。

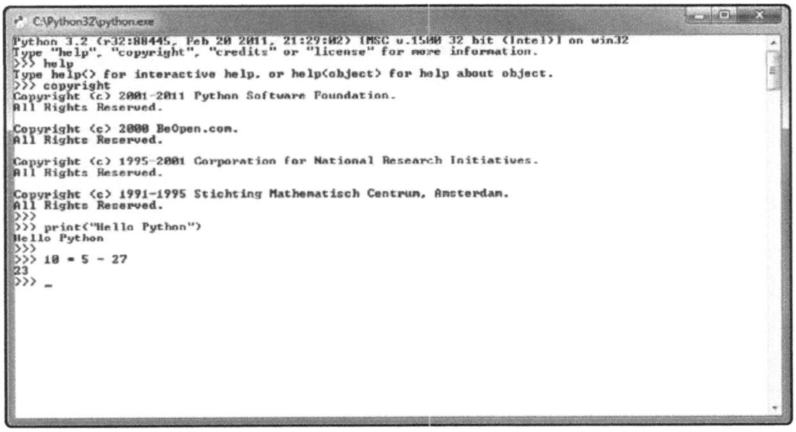

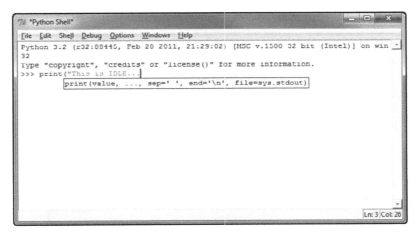

图 1.4　Python 命令提示符将解释命令

图 1.5　IDLE 是 Python 所包含的一个文本编辑器

　　是的，我们可以运行如图 1.4 所示的一个独立的提示符，或者使用 IDLE 内建的一个提示符。要开始真正地编辑代码，使用 File 菜单并且选择 New Window，如图 1.6 所示。这会创建一个新的源代码编辑器窗口，如图 1.7 所示。

　　在做任何其他事情之前，首先要将新的源代码保存为文件。做了这件事情之后，才能让 Python 运行（或解释）你的代码。使用 File 菜单来保存文件，然后打开 Run 菜单，并且选择 Run Module。也可以按下 F5 键来运行代码。现在，当你运行程序的时候，发生了一件有趣的事情。输出在最初弹出的主 IDLE 窗口中出现了，如图 1.8 所示。当编辑文件的时候，应该让提示符窗口（也叫作 Python Shell）保持打开状态，因为它是运行程序的主输出窗口，即便在使用 Pygame（下一章将详细介绍）这样的一个图形化窗口的时候，也是如此。

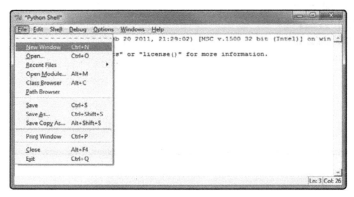

图 1.6　使用 IDLE 创建一个新的源代码编辑器窗口

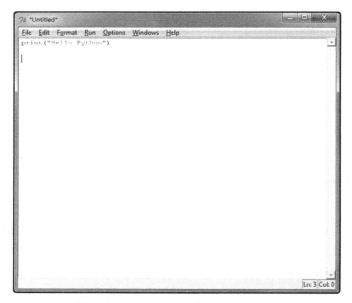

图 1.7　在新的源代码窗口中输入代码

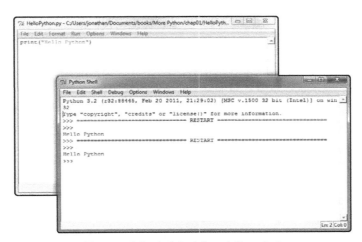

图 1.8   在新的源代码窗口中输入代码

1.2.2   Python 语言

Python 语言是一种看上去很奇怪的语言，似乎是由一个喜欢晦涩的 Isles 式幽默的旅行戏剧团设计的语言，而美国人认为那种幽默令人讨厌且无法理解。当然，这只是一种充满情绪化的、散布在大学课堂中的观点，因此，建议你不要全盘接受这种观点。Python 功能强大，而且用途广泛，一旦你熟悉了它，会对它的功能感到吃惊。

要将 Python 和诸如 C++这样的语言进行比较，真的是非常困难的，因为 Python 中没有开始括号和结束括号，也没有可以识别的函数名。Python 类的构造函数不是很好看，哦，我不想立刻吓着你，搞得你要回过头去使用 BASIC。倒不是说 BASIC 有什么错。我恰好特别喜欢一款叫做 QB64 的工具，另一本名为 Video Game Programming for Kids 的书中将用到它。IDLE 是 Python 包所包含的一款非常有用的文本编辑器，并且，我们将在本书中使用它。

 在这里：http://docs.python.org/reference，有一个针对 Python 的在线参考手册。

1.3   Python 中的对象

Python 是面向对象编程语言，这意味着，它至少支持一些面向对象编程概念。现在，我们将花一些时间来介绍这些概念，因为这是一种编写代码的高效方式。面向对象编程（OOP）是一种方法学，也就是做事情的方式。在计算机科学中，有几种较大的、"伞状的"方法学，也就是说，定义了编程语言的功能的方法学。要让我们的技能成为可以传播的，方法学对于这个产业来说很重要。如果每个公司使用他们自己的方法学，那么，为该公司工作的过程中所获取的技能，对于另一个不同的组织来说将会是无用的。软件工程也是一个充满挑战的领域，并且培训的成本很高，因此，对于这个领域相关的每个人（经验丰富的开发者、老板以及教授概念的讲师）来说，方法学都是有益的。

1.3.1 在面向对象之前是什么

天生的好奇心，这是有天分的程序员的共同特点，如果你也有的话，那么，你肯定会问，在面向对象泛型之前，人们使用的是哪一种编程类型呢。让我们来了解一下这个主题，在我们还没有真正开始使用 Python 之前，先说明一下为什么这个问题如此重要。在编程方法学方面，我们先搞清楚起源在哪里，才能够理解今天位于何处。

结构化编程

在 OOP 之前，人们所采用的方法学叫作过程化编程（procedural programming）或结构化编程（structured programming），这意味着，在这种情况下使用的是过程和结构。过程通常叫作函数，并且，我们如今仍然在使用函数。是的，甚至在 OOP 程序中，仍然有独立的函数，如 main()。包含在一个对象中的函数，叫作方法，并且当作为对象的一部分讨论的时候，使用方法这个术语而不是函数。但是，在对象之外，函数仍然存在，并且这是从之前的"时代"（方法学）沿用而来的。

结构是复杂的用户定义类型（user-defined types，UDT），它可以将很多的变量包含在一起。最流行的结构化语言是 C。然而，结构化编程是一种历史悠久而且颇为成功的方法学，一直延续至今。结构化运动的时间是从 20 世纪 80 年代到 20 世纪 90 年代，当然，这个时间和其他的方法学的发展有一些重叠。在电子产业中，很多软件开发工具包（SDK）仍然按照结构化的方式来开发，提供了函数库来控制一个电子设备（例如，显卡或嵌入式系统）。可以说，C 语言的开发（大概是在 20 世纪 70 年代）是以结构化编程为主要方式而进行的。C 语言用来创建 UNIX 操作系统。

如下是 Python 的结构化程序的一个快速示例。

```
# Structured program
```

```
# Function definition
def PrintName(name):
    print("The name is " + name + ".")

# Start of program
PrintName("Jane Doe")
```

这段程序产生如下的输出。

```
The name is Jane Doe.
```

 Python 中的注释行都是以#字符开头的。

函数的定义以 **def** 开头,后面跟着函数名、参数和一个冒号。Python 中没有代码块符号,如 C++中的开始花括号({)和结束花括号(})。在 Python 中,函数的结尾是未定义的,假设函数在下一个未缩进的行之前结束。让我们做一点试验,来测试 Python 的行为。如下还是我们的示例,不带任何的注释行。你认为它会输出什么?

```
def PrintName(name):
    print("The name is " + name + ".")
print("END")
PrintName("Jane Doe")
```

输出是:

```
END
The name is Jane Doe.
```

大多数的 Python 初学者会对此感到惊奇。这里所发生的事情是,print ("END")行向左缩进,因此,它变成了程序的第一行,后面跟着第二行,即 PrintName ("Jane Doe")。函数定义不被看作是主程序的部分,并且,只有当调用该函数的时候才会运行。如果我们像下面这样,把函数定义放在主程序的下方,会发生什么情况?

```
PrintName("Jane Doe")

def PrintName(name):
    print("The name is " + name + ".")
```

这段代码实际上会产生语法错误,因为无法找到 PrintName 函数。这就告诉我们,在调用函数之前 Python 必须先解析它。换句话说,函数定义必须位于函数调用的"上方"。

```
Traceback (most recent call last):
```

```
File "FunctionDemo.py", line 4, in <module>
   PrintName("Jane Doe")
NameError: name 'PrintName' is not defined
```

 当使用 IDLE 保存源代码的时候，确保要包含扩展名.PY，因为 IDLE 不会自动添加扩展名。

顺序式编程

结构化编程是从早期的顺序式编程方法学发展而来的。这不是正式的教科书的说法，但却是更富有描述性的一种说法。顺序式程序要求在每行代码之前都要有行号。尽管跳转到程序的其他行也是可能的（使用 goto 或 gosub 命令），并且这是结构化编程的一个早期的发展方向，但是，顺序式程序倾向于陷入某种程度的复杂性，使得代码变得难以识别或无法修改。这个时候所导致的问题，称为"意大利面条式代码"，这是由于程序似乎要去向每个方向的"流"而导致的。两种最常用的顺序式语言是 BASIC 和 FORTRAN，并且这些语言的全盛期是 20 世纪 70 年代到 20 世纪 80 年代。随着开发者对于维护"意大利面条式代码"感到厌烦，人们迫切地需要进行范型迁移。随着诸如 Pascal 和 C 这样的新的结构化语言的引入，结构化编程应运而生。

```
10 print "I am freaking out!"
20 goto 10
```

 你是否真正认为这段顺序式代码很有趣呢？我是这么认为的。它把我带回到了几年之前。有一款叫作 QB64 的不错的编译器（并且是免费的），它支持 BASIC、QBASIC 以及 QuickBasic（它是结构式的，但不是顺序式的）的所有老式的风格。此外，QB64 支持 OpenGL，因此，它潜在性地支持高级图形和游戏设置，并且支持 BASIC 的老式变体。

助记式编程

在顺序式编程之前，开发者编写的代码更接近于计算机硬件的层级，而他们使用的是汇编语言。有一个"汇编器"程序，就像是编译器一样，但是，它将会把助记式的指令直接转换为对象或二进制文件中的机器代码，准备好让处理器一次一个字节地运行它们。一条汇编式的助记式指令，直接关联到处理器所能够理解的一条机器指令。这就像是在说机器自身的语言，并且很有挑战性。在 MS-DOS 的时代，这些汇编性的指令能够把显示模式转换成分辨率为 320×200 并且具有 256（8 位）色的图形模式，这对于 20 世纪 90 年代的 IBM PC 游戏来说已经很好了，因为这会很快。记住，在那个时代，我们没有今天这样的显卡，只有构建到 ROM BIOS 中的"视频输出"以及操作系统所支持的各种模式。这就是那个时代的所有游戏开发者都喜欢的声名狼藉的"VGA mode 13h"。

```
mov ax, 13h
int 10h
```

 有一个有趣的历史性站点，专门介绍了 VGA mode 13h 编程：
http://www.delorie.com/djgpp/doc/ug/graphics/vga.html。

"AX"是一个 16 位的处理器寄存器，处理器上的实际的物理电路可以当作一种通用目的的"变量"对待，这里使用了你所熟悉的术语而没有使用电子工程的语言。还有其他 3 种通用目的的寄存器：BX、CX 和 DX。它们自身都是从 8 位的 Intel 处理器升级而来的，而后者拥有叫作 A、B、C 和 D 的寄存器。当发展到 16 位的时候，这些寄存器扩展为 AL/AH、BL/BH、CL/CH 和 DL/DH，它们分别表示每个 16 位寄存器的两个 8 位的部分。乍一听起来，这并不复杂。将一个值放到一个或多个这些变量寄存器之中，然后通过调用一个中断来"加载"一个过程。在 VGA 模式更改的例子中，中断是 10h。

现实世界

如果你喜欢电子工程和汇编语言这个主题，那么有一个和老式的工作对应的现代工种，这就是设备驱动编程。如今，这已经成为一种魔法，专门为那些真正理解硬件的工程师而保留。因此，你可以看到，如果你对这个工作感兴趣，学习汇编语言对此是非常有益处的。

1.3.2 接下来是什么

我们已经简单地回顾了从过去到现在的编程方法学，以理解和掌握当今所拥有的工具和语言的方法，下面，我们来介绍一下当前的情况以及有些什么发展。如今，面向对象编程仍然是专业程序员所采用的最主要的方法学。它是 Microsoft 的 Visual Studio 和.NET Framework 等流行的工具的基础。如今的商业和科学领域中，最主要的编译型 OOP 语言是 C++、C#、BASIC（其现代变体是 Visual Basic）以及 Java。当然还有其他的语言，但是，这些是最主要的。

Python 和 LUA 都是脚本编程语言。和 C++这样的编译型语言相比，Python 和 LUA 的处理方式有很大不同，它们是解释型的，而不是编译型的。当你运行一个 Python 程序的时候（扩展名为.PY 的一个文件），它不会进行编译，而会运行。你可能会在一个 Python 函数中带入语法错误，但是，在调用该函数之前，Python 不会提示错误。

```
# Funny syntax error example

# Bad function!
def ErrorProne():
    printgobblegobble("Hello there!")

print("See, nothing bad happened. You worry too much!")
```

Python 或者这段程序中没有一个名为 printgobblegobble()的函数，因此，这里应该产生一个错误。输出如下。

```
See, nothing bad happened. You worry too much!
```

但是，如果添加了对 ErrorProne()函数的调用，输出将会如下。

```
Traceback (most recent call last):
  File "ErrorProne.py", line 9, in <module>
    ErrorProne()
  File "ErrorProne.py", line 5, in ErrorProne
    printgobblegobble("Hello there!")
NameError: global name 'printgobblegobble' is not defined
```

现在，对于 Python 中这一貌似忽略的部分有一些限制。如果你明显错误地定义了一个变量，那么，在运行之前，它才会初次产生错误。在 Python 中，还会因为做了另一件奇怪的事情而把事情搞砸，那就是，使用保留字作为变量：

```
Behold:
print = 10
print(print)
```

第一行没问题，但是第二行导致了如下的错误。

```
Traceback (most recent call last):
  File "ErrorProne.py", line 8, in <module>
    print(print)
TypeError: 'int' object is not callable
```

这条错误的意思是，print 变成了一个变量，确切地说，是一个整数，其值设置为 10。然后，我们试图调用旧的 print()函数，并且 Python 无法得到它。因为旧的 print()函数已经被忽略了。现在，这种奇怪的行为不再适用于 Python 语言中的保留字了，如 while、for、if 等保留字，而只是适用于函数。当你发现 Python 作为一种脚本语言有着巨大的灵活性的时候，我觉得你会感到惊讶的。

像 GCC 或 Visual C++这样的传统的编译器，甚至在考虑运行这样的代码的时候，你就会抓狂。毕竟，它们是编译器。在将程序转换成目标代码之前，它们完整地解析了程序的流程。这么做的缺点就是：编译器无法处理未知的东西，它们只能处理已知的东西，而脚本语言可以很好地处理未知的情况。

顺序式编程演变为结构化编程，结构化编程演变为 OOP，编程范型从 OOP 开始的下一次演进也将继续保持同样的方式，在范型发生变化之前，当前的编程方法学中将会出现一些明显的改变的迹象。今天，发生在 OOP 上的这些变化，可能会称为自适应编程（adaptive programming）。在当今快节奏的世界中，没有人会像我们以前编程的时候那样，坐在计算机前阅读 WordPerfect 或 Lotus 1-2-3 的 200 页的手册。还是有人会认为"阅读手册"是解决技术问题的有效方法，但是如今，即便是带有类似手册的产品也很少见了。如今，系统必须具有交互性和自适应性。超越 OOP 的下一次演进，可能是面向实体编程（EOP，entity oriented programming）。

想象一下，我们使用实体（使用简单规则来解决复杂问题的自包含对象）来编写代码，而不是使用包含了属性（变量）和方法（函数）的对象来编写代码。这似乎是 A.I.的研究方向，而且应该能够与如今已有的 OOP 很好地适应。实际上，已经有了一些早期的迹象出现了。听说过 Web Service 吗？Web Service 是寄存在网上的自包含对象，程序可以使用它来执行独特的服务，而程序自身不知道如何进行这些服务。

这些 Web Service 可能会只是要求一个库存数据库的参数，并且返回与查询匹配的项目的列表。这种形式的程序交互，一定能够超越编写 SQL（structured query language，结构化查询语句，这是关系数据库的语言）！那么，将其带入到下一个层级如何？使用某种库或搜索引擎在线查询一个服务，而不是接入一个已知的服务，这会怎么样？

作为另一个可能的示例，假设有一个在线的、可以用于游戏中的游戏实体的库（很可能是由独立开发者或开源团队创建的），其中的实体将会带有其自己的美工素材（2D 精灵、3D 网状物、材质、音频剪辑等）以及自身的行为（例如一段 Python 脚本）。需要某种格式的素材的一个已有的游戏引擎，可能会使用这种 EOP 的概念来扩展游戏设置。假设你要玩一个游戏，诸如 Minecraft（www.minecraft.net）这样的某种世界构造游戏，并且，假设你是游戏中的某个新角色。因此，你向游戏提出查询："我需要一把短的木头椅子"。在查询发出去后的片刻，一把短的木头椅子出现在你的游戏中。假设有一个用于 Minecraft 这样的引擎的在线游戏装备库，我们当然可以想象会发生这种情况。

1.3.3　OOP：Python 的方式

我们已经进行了足够的历史分析和思考，从而可以触发一些有想象力的思路。现在，让我们来介绍一些具体而实际的内容，即当前的 OOP 方法学及其在 Python 中的实现。或者换句话说，我们用 Python 来创建对象。Python 确实支持 OOP 特性，但是，它不像是高度特定性的语言 C++那样，在各个程度上支持 OOP。在开始之前，让我们先来了解一些术语。类是一个对象的蓝图。类不能做任何事情，因为它是一个蓝图。只有在运行时创建对象的时候，对象才会存在。因此，当我们编写类代码的时候，它只是一个类的定义，而不是一个对象。只有在运行时，通过类的蓝图来创建对象的时候，它才是真正的对象。类的函数也叫作方法。类的变量通常作为属性来访问（有一种方法用来获取或设置一个变量的值）。当创建一个对象的时候，类实例化为该对象。

让我们来了解 Python 的 OOP 特性的一些具体内容。示例如下。

```
class Bug(object):
    legs = 0
    distance = 0

    def __init__(self, name, legs):
        self.name = name
        self.legs = legs

    def Walk(self):
        self.distance += 1

    def ToString(self):
        return self.name + " has " + str(self.legs) + " legs" + \
              " and taken " + str(self.distance) + " steps."
```

每个定义的行末，都必须有一个冒号。self 描述当前的类，这和它在 C++中的作用是相同的。所有的类变量前面必须有一个"self"，以便可以认出这是类的成员；否则，它们将会被当作局部变量。def __init__(self)这一行开始了类的构造函数，这是在类实例化的时候运行的第一个方法。在构造函数之外，可以声明类变量并且在声明的时候进行初始化。

多态

术语多态表示有"多种形式"或"多种形状"，因此，多态是指具备多种形态的能力。在类的环境中，这意味着我们可以使用具有多种形态的方法，也就是说，参数的多种不同的集合。在 Python 中，我们可以使用可选的参数来让方法具备多种功能。新的 Bug 类的构造函数，可以使用可选的参数来进行变换，如下所示：

```python
def __init__(self, name="Bug", legs=6):
    self.name = name
    self.legs = legs
```

同样，Walk()方法可以升级以支持一个可选的参数：

```python
def Walk(self,distance=1):
    self.distance += distance
```

数据隐藏（封装）

Python 不允许变量和方法声明为私有的或受保护的，因为 Python 中的所有内容都是公有的。但是，如果你想要让代码像是数据隐藏一样地工作，这也是可以办到的。例如，如下这段代码可以用来访问或修改 distance 变量（我们假设它是私有的，即便它不是）。

```python
def GetDistance(self):
    return p_distance

def SetDistance(self, value):
    p_distance = value
```

从数据隐藏的角度来看，你可以将 distance 重命名为 p_distance（使其看上去像是私有变量），然后，使用这两个方法来访问它。也就是说，如果数据隐藏对于你的程序来说很重要的话，可以这么做。

继承

Python 支持基类的继承。当定义一个类的时候，基类包含在圆括号中：

```python
class Car(Vehicle):
```

此外，**Python** 支持多继承，也就是说，一个子类可以继承自多个父类或基类。例如：

```
class Car(Body,Engine,Suspension,Interior):
```

只要每个父类中的变量和方法与其他的变量和方法不冲突，新的子类可以访问它们而毫无问题。但是，如果有任何的冲突，来自父类的冲突变量和方法在继承顺序中具有优先性。

当一个 Python 类继承自一个基类，父类所有的变量和方法都是可用的。变量可以使用，方法可以覆盖。当调用一个基类的构造函数或任何方法的时候，我们可以使用 **super()** 来引用基类：

```
return super().ToString()
```

但是，当涉及多继承的时候，当共享相同的变量名或方法名的时候，必须使用父类的名称，以避免混淆。

1.3.4　单继承

我们先来看看单继承的示例。如下是一个 Point 类，以及继承自它的一个 Circle 类。

```
class Point():
    x = 0.0
    y = 0.0

    def __init__(self, x, y):
        self.x = x
        self.y = y
        print("Point constructor")

    def ToString(self):
        return "{X:" + str(self.x) + ",Y:" + str(self.y) + "}"

class Circle(Point):
    radius = 0.0

    def __init__(self, x, y, radius):
        super().__init__(x,y)
        self.radius = radius
        print("Circle constructor")

    def ToString(self):
```

```
      return super().ToString() + \
              ",{RADIUS=" + str(self.radius) + "}"
```

我们可以直接测试这些类：

```
p = Point(10,20)
print(p.ToString())

c = Circle(100,100,50)
print(c.ToString())
```

这会得到如下输出。

```
Point constructor
{X:10,Y:20}

Point constructor
Circle constructor
{X:100,Y:100},{RADIUS=50}
```

我们看到 Point 的功能很简单，但是，Circle 先调用 Point 的构造函数，然后才调用自己的构造函数，然后复杂地调用 Point 的 ToString()并添加自己的新的 radius 属性。这真的有助于我们了解，为什么所有的类都有一个 ToString()方法。

 多继承是一片沼泽。我建议尽可能避免使用它，并且尽可能保持类的简单和直接，大多数情况下，可能只有一个层级的继承。尽可能地给你的类众多的功能，而不是将它们划分到多个类中。

现在，当创建 Circle 类的时候，调用构造函数并传递给它 3 个参数(100,100,50)。注意，调用了父类（Point）的构造函数来处理 x 和 y 参数，而 radius 参数在 Circle 中处理：

```
def __init__(self, x, y, radius):
    super().__init__(x,y)
    self.radius = radius
```

super()调用了 Point 类的构造函数，Point 类是 Circle 类的父类或基类。当使用单继承的时候，这种做法的效果令人惊奇。

1.3.5 多继承

尽管多继承是一片沼泽，但至少还是要展示一下它是如何工作的。使用多继承的时候，我们基本上不会使用 super() 来调用父类中的任何内容，除非每个父类中的变量和方法都是独特的。这里有另一对类，它们构建在前面已经给出的两个类的基础之上。还记得吧，我警告过你，Python 是一种看上去很奇怪的语言。我们现在来看看。别忘了，Python 是一种脚本语言，而不是编译型语言。Python 代码是在运行时解释的。

```python
class Size():
    width = 0.0
    height = 0.0

    def __init__(self,width,height):
        self.width = width
        self.height = height
        print("Size constructor")

    def ToString(self):
        return "{WIDTH=" + str(self.width) + \
               ",HEIGHT=" + str(self.height) + "}"

class Rectangle(Point,Size):
    def __init__(self, x, y, width, height):
        Point.__init__(self,x,y)
        Size.__init__(self,width,height)
        print("Rectangle constructor")

    def ToString(self):
        return Point.ToString(self) + "," + Size.ToString(self)
```

Size 类是一个新的辅助类，而 Rectangle 是我们这个示例中真正的焦点。这里，Rectangle 将继承自 Point 和 Size：

```python
class Rectangle(Point,Size):
```

Point 是早就定义了的，而 Size 刚刚定义。现在，我们应该可以开始使用 Point.x、Point.y、Size.width 和 Size.height，以及每个类中的 ToString() 方法了。Python 应该不会抱怨。但是，思路是通过调用父类的构造函数来自动初始化父类。否则，我们会丧失 OOP 的所有优点，并且只是在编写结构化的代码。因此，Rectangle 构造函数必须按照名称来调用每个父类的构造函数：

```python
def __init__(self, x, y, width, height):
    Point.__init__(self,x,y)
    Size.__init__(self,width,height)
```

注意，x 和 y 传递给了 Point.__init__()，而 width 和 height 传递给了 Size.__init__()。这些变量在它们各自的类中正确地初始化。当然，我们可以只是在 Rectangle 中定义 x、y、width 和 height，但是，这只是一个演示。通常，为了保持代码简单，我们不建议那么做。在真正的编程中，绝不要以这种方式使用继承。这里只是为了说明多继承。测试一下新的 Size 和 Rectangle 类：

```
s = Size(80,70)
print(s.ToString())

r = Rectangle(200,250,40,50)
print(r.ToString())
```

产生如下输出。

```
Size constructor
{WIDTH=80,HEIGHT=70}

Point constructor
Size constructor
Rectangle constructor
{X:200,Y:250},{WIDTH=40,HEIGHT=50}
```

现在，这真的有点意思了。Size 足够简单，很容易理解，但是看一下 Rectangle 的输出。我们调用了 Point 的构造函数和 Size 的构造函数，这完全是按照计划进行的。此外，ToString() 方法有效地组合了 Point.ToString() 和 Size.ToString() 各自的输出。

1.4 小结

本章是关于 Python 编程的快速介绍的第 1 章。进展这么快，是不是有点令你抓狂？不要担心，我们会以实用的方式来介绍代码编写，通过真正绘制点、圆、矩形以及其他内容来做到这点。在学习 Python 的工具的时候，我们还将创建一个精灵类，以用来在屏幕上绘制带有动画的游戏角色。好消息是，本章可能是最难的一章，因为这不但是你第一次接触奇怪的 Python 语法，也很可能是你初次接触面向对象编程。在后续的章节中，你将会发现，学习编程语言的最直接的方法，通常也是最好的方法。我希望你已经准备好了，因为从下一章开始，我们要学习 Pygame 了。

挑战

1. 打开 GeometryDemo.py 程序，并且创建一个继承自 Point 的新类，名为 Ellipse。它有一个水平半径和垂直半径，而不是像 Circle 那样只有一个半径。

2. 给 Rectangle 类添加一个名为 CalcArea()的方法，它返回 Rectangle 的面积。计算公式是：Area =Width * Height。测试该方法以确保它能工作。

3. 给 Circle 类添加一个名为 CalcCircum()的新方法，它返回圆的周长。计算公式是 Circumference = 2 * Pi * Radius (Pi = 3.14159)。测试该方法以确保它能工作。

第**2**章

初识 Pygame：Pie 游戏

本章介绍一个名为 **Pygame** 的游戏库，开发它是为了使得如下这些事情成为可能：绘制图形、获取用户输入、执行动画以及使用定时器让游戏按照稳定的帧速率运行。在本章中，我们只是初次认识 Pygame，学习绘制图形和文本的基础知识，并且编写一些代码。你将会看到，Pygame 不仅提供了针对图形和位图的绘制函数，还提供了用于获取用户输入、处理音频播放和监控鼠标和键盘的服务。我们将在适当的时候介绍这些额外的主题。

本章包括如下内容。

◎ 使用 Pygame 库；

◎ 以一定字体打印文本；

◎ 使用循环来重复动作；

◎ 绘制圆、矩形、线条和弧形；

◎ 创建 Pie 游戏。

2.1 了解 Pie 游戏

本章的示例是一款叫作 Pie 游戏。Pie 游戏使用 Pygame 来绘制填充的饼块。要在 Pie 游戏中使用 Pygame 绘制一个饼块，用户按下与该饼块对应的数字键。然后，使用 Pygame 的绘制函数来绘制饼块。当按下针对所有饼块的按键而没有犯错的时候，玩家就获胜了。如图 2.1 所示。

 在使用 Pygame 之前，必须先安装它，因为 Pygame 并不是和 Python 打包到一起的。从 http://www.pygame.org/download.shtml 下载 Pygame。获取与你所使用的 Python 版本匹配的 Pygame 版本，这一点是很重要的。本书使用 Python 3.2 和 Pygame 1.9。如果你需要在安装方面得到帮助，请参阅本书附录 A 了解更多细节。

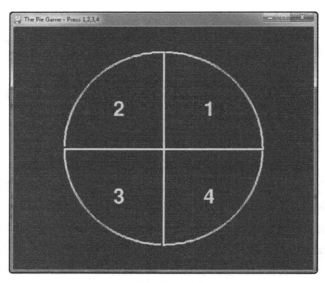

图 2.1　Pie 游戏

2.2　使用 Pygame

使用 Pygame 的第一步，是将 Pygame 库导入到 Python 程序中，以便可以使用它。

```
import pygame
```

下一个步骤是，导入 Pygame 中的所有常量，以准备好可以在我们的代码中访问它们。这是可选的，但是，这往往会让代码更整齐。由于担心效率，一些 Python 程序员不喜欢导入一个库中的所有内容，但是，这样做会让我们的代码整个变得更容易阅读。

```
from pygame.locals import *
```

现在，我们可以初始化 Pygame 了：

```
pygame.init()
```

初始化了 Pygame，我们就可以访问这个库的所有的资源了。下一步是获取对显示系统的访问，并且创建一个窗口。分辨率由你决定，但是，注意宽度和高度参数要放在圆括号中。（600,500）对变成了带有 x 和 y 属性的一个点。在 Python 中，源代码语法是由解释器松散地确保的，因此，我们编写代码的方式，在某种较为强类型的语言（如 C++）中是不允许的。

```
screen = pygame.display.set_mode((600,500))
```

在 http://www.pygame.org/docs/index.html，可以找到 Pygame 的一个不错的参考手册。

2.2.1 打印文本

Pygame 支持使用 pygame.font 将文本输出到图形窗口。要绘制文本，我们必须先创建一个字体对象：

```
myfont = pygame.font.Font(None,60)
```

可以向 pygame.font.Font() 构造函数提供一个 TrueType 字体，诸如 "Arial"，但是，使用 None（不带引号）将会导致使用默认的 Pygame 字体。字体大小 60 已经很大了，但是，这只是一个简单的示例。现在，使用 Pygame 绘制文本并不是一个轻量型的进程，而是一个重量型的进程。这意味着，文本并不是快速地绘制到屏幕上，而是渲染到一个平面，然后再将其绘制到屏幕上。由于这是一个耗费时间的过程，建议首先在内存中创建文本平面（或图像），然后再将文本当作一个图像来绘制。当我们必须实时地绘制文本的时候，直接绘制是没问题的；但是，如果文本是无法修改的，最好先把文本提前渲染到一个图像之上。

```
white = 255,255,255
blue = 0,0,255
textImage = myfont.render("Hello Pygame", True, white)
```

textImage 对象是可以使用 **screen.blit()** 绘制的平面，我们的高难度的绘制函数，将会在所有的游戏和示例中广泛地使用。第一个参数显然是文本消息，第二个参数是抗锯齿字体（为了提高质量）的一个标志，第三个参数是颜色（一个 RGB 值）。

要绘制文本，通常的过程是清除屏幕，进行绘制，然后刷新显示。让我们看看所有这三行代码：

```
screen.fill(blue)
screen.blit(textImage, (100,100))
pygame.display.update()
```

如果现在运行程序，会发生什么情况？继续前进并尝试一下。你是否看到了在程序运行后所出现的窗口？由于我们的代码中没有任何延迟，窗口应该会快速出现并关闭。需要有一个延迟。但是，我们将继续进行，而不是进行延迟。

2.2.2 循环

我们所看到的简化的示例有两个问题。首先，它只是运行一次然后就停止了。其次，没有办法获取任何用户输入（即便它不会立即退出）。因此，让我们看看如何修正这两个问题。首先，我们需要一个循环。在 Python 中，这通过关键字 while 来实现。While 语句将执行冒号后面的代码，直到条件为假。只要 while 条件为真，它将持续运行：

```
while True:
```

接下来，我们创建一个事件处理程序。在早期的阶段，我们期望窗口所发生的事情是，它能够等待用户关闭它。关闭事件可能是点击窗口右上角的"×"，或者只是按下任何的键。注意，while 循环中的代码是缩进的。在此之后缩进的任何代码，都将包含在这个 while 循环中。

```
while True:
    for event in pygame.event.get():
        if event.type in (QUIT, KEYDOWN):
            sys.exit()
```

最后，我们以缩进代码的形式在 while 循环中添加了绘制代码和屏幕刷新，并且程序由此结束。为了方便学习，这里给出了完整的没有任何空行和注释的程序。程序的输出如图 2.2 所示。

图 2.2 Hello Pygame 程序

```
import pygame,sys
from pygame.locals import *
white = 255,255,255
blue = 0,0,200
pygame.init()
screen = pygame.display.set_mode((600,500))
myfont = pygame.font.Font(None,60)
textImage = myfont.render("Hello Pygame", True, white)
while True:
    for event in pygame.event.get():
        if event.type in (QUIT, KEYDOWN):
            sys.exit()
    screen.fill(blue)
    screen.blit(textImage, (100,100))
    pygame.display.update()
```

2.2.3   绘制圆

我们可以使用库 **pygame.draw** 来绘制众多不同的形状。图 **2.3** 显示了示例代码所绘制的圆。要绘制圆，我们使用 **pygame.draw.circle()**，并且传递多个参数来定制圆的大小、颜色和位置。

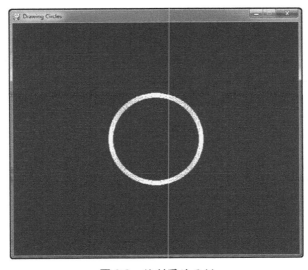

图 2.3　绘制圆的示例

```
import pygame,sys
from pygame.locals import *
pygame.init()
screen = pygame.display.set_mode((600,500))
pygame.display.set_caption("Drawing Circles")
while True:
    for event in pygame.event.get():
        if event.type in (QUIT, KEYDOWN):
            sys.exit()

    screen.fill((0,0,200))

    #draw a circle
    color = 255,255,0
    position = 300,250
    radius = 100
    width = 10
    pygame.draw.circle(screen, color, position, radius, width)

    pygame.display.update()
```

2.2.4 绘制矩形

要绘制矩形，通过多个参数来调用 **pygame.draw.rect()** 函数。这个程序所显示的窗口如图 2.4 所示。这个示例比上一个示例要高级一些。这个示例移动矩形，而不只是在屏幕中间绘制一个矩形。其工作的方法是，在 while 循环之外记录矩形的位置（使用 **pos_x** 和 **pos_y**），并且创建一对速度变量（**vel_x** 和 **vel_y**）。在 while 循环之中，我们可以使用该速度来更新位置，然后，通过一些逻辑来将矩形保持在屏幕上。其工作的方式是，任何时候，当矩形到达屏幕的边缘的时候，速度变量都取反。

```
import pygame,sys
from pygame.locals import *
pygame.init()
screen = pygame.display.set_mode((600,500))
pygame.display.set_caption("Drawing Rectangles")
pos_x = 300
pos_y = 250
vel_x = 2
vel_y = 1
while True:
```

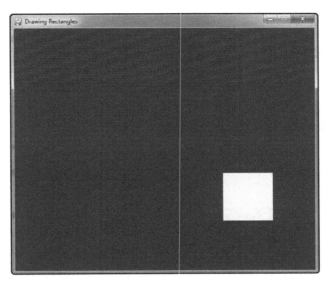

图 2.4　绘制矩形示例

```
for event in pygame.event.get():
    if event.type in (QUIT, KEYDOWN):
        sys.exit()

screen.fill((0,0,200))

#move the rectangle
pos_x += vel_x
pos_y += vel_y

#keep rectangle on the screen
if pos_x > 500 or pos_x < 0:
    vel_x = -vel_x
if pos_y > 400 or pos_y < 0:
    vel_y = -vel_y

#draw the rectangle
color = 255,255,0
width = 0 #solid fill
pos = pos_x, pos_y, 100, 100
pygame.draw.rect(screen, color, pos, width)

pygame.display.update()
```

2.2.5 绘制线条

我们可以使用 **pygame.draw.line()** 函数来绘制直线。绘制线条比绘制其他的形状更为复杂，这是因为必须提供线条的起点和终点。我们可以用任何的颜色以及任何想要的线条宽度来绘制线条。图 2.5 展示了示例的运行结果。

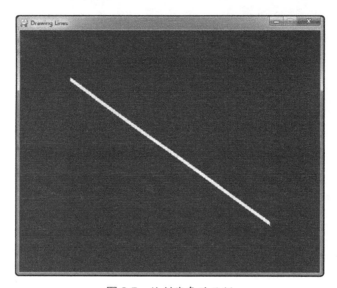

图 2.5　绘制线条的示例

```
import pygame,sys
from pygame.locals import *
pygame.init()
screen = pygame.display.set_mode((600,500))
pygame.display.set_caption("Drawing Lines")

while True:
    for event in pygame.event.get():
        if event.type in (QUIT, KEYDOWN):
            sys.exit()

    screen.fill((0,80,0))

    #draw the line
    color = 100,255,200
```

```
width = 8
pygame.draw.line(screen, color, (100,100), (500,400), width)

pygame.display.update()
```

2.2.6 绘制弧形

弧形是圆的一部分，可以使用 **pygame.draw.arc()** 函数来绘制它。这是另外一个复杂的形状，它需要额外的参数，我们必须提供一个矩形来表示弧形的边界，首先是矩形左上角的位置，然后是其宽度和高度，弧形就将绘制于其中。接下来，我们必须提供开始角度和结束角度。通常，我们倾向于以度为单位来考量角度，但是几何三角学中用弧度为单位，而这也是我们所必须使用的圆的度量方法。要将角度转换弧度，使用 **math.radians()** 函数，用角度作为其参数。由于需要使用数学库，我们必须在程序的顶部导入 **math** 库。图 **2.6** 展示了下面的示例的输出。

```
import math
import pygame,sys
from pygame.locals import *
pygame.init()
screen = pygame.display.set_mode((600,500))
pygame.display.set_caption("Drawing Arcs")
```

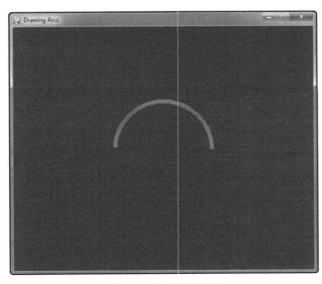

图 2.6 绘制弧形示例

```
while True:
    for event in pygame.event.get():
        if event.type in (QUIT, KEYDOWN):
            sys.exit()

    screen.fill((0,0,200))

    #draw the arc
    color = 255,0,255
    position = 200,150,200,200
    start_angle = math.radians(0)
    end_angle = math.radians(180)
    width = 8
    pygame.draw.arc(screen, color, position, start_angle, end_angle, width)

    pygame.display.update()
```

2.3 Pie 游戏

Pie 游戏是一个非常简单的游戏，没有什么难度，但是，它确实有一个基本的游戏逻辑，并且当玩家获胜的时候有一个小小的奖品。游戏逻辑只是牵涉以任意顺序按下按键 1、2、3 和 4。随着按下每个数字，就会绘制对应的饼块。当所有 4 个饼块完成之后，饼块会改变颜色。游戏如图 2.7 所示。

当玩家完成了整个饼块，颜色改变为亮绿色，并且数字和饼块都以亮绿色绘制以显示玩家获胜。这可能是一个简单的游戏，但是，它展示了很多重要的 **Pygame** 概念，我们必须学习这些概念才能熟悉这个库。这个游戏还展示了 **Python** 代码的基本逻辑，不管你是否相信，这是基于状态编程的非常重要的方面。你看，如果玩家没有按下正确的按键（1、2、3 和 4），4 个饼块不会自动绘制。相反，当按下一个键的时候，设置一个状态标志，并且，该标志随后用来作为绘制饼块的根据。这是非常重要的概念，因为它展示了如何间接地处理事件和进行用户交互。

```
import math
import pygame,sys
from pygame.locals import *
pygame.init()
```

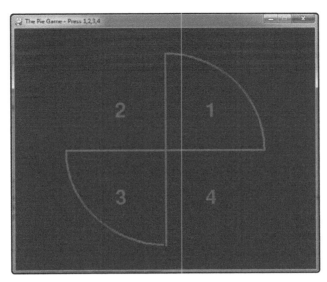

图 2.7 绘制了 2 块的 Pie 游戏

```
screen = pygame.display.set_mode((600,500))
pygame.display.set_caption("The Pie Game - Press 1,2,3,4")
myfont = pygame.font.Font(None, 60)

color = 200, 80, 60
width = 4
x = 300
y = 250
radius = 200
position = x-radius, y-radius, radius*2, radius*2

piece1 = False
piece2 = False
piece3 = False
piece4 = False

while True:
    for event in pygame.event.get():
        if event.type == QUIT:
            sys.exit()
        elif event.type == KEYUP:
            if event.key == pygame.K_ESCAPE:
                sys.exit()
```

```
                elif event.key == pygame.K_1:
                    piece1 = True
                elif event.key == pygame.K_2:
                    piece2 = True
                elif event.key == pygame.K_3:
                    piece3 = True
                elif event.key == pygame.K_4:
                    piece4 = True

    #clear the screen
    screen.fill((0,0,200))

    #draw the four numbers
    textImg1 = myfont.render("1", True, color)
    screen.blit(textImg1, (x+radius/2-20, y-radius/2))
    textImg2 = myfont.render("2", True, color)
    screen.blit(textImg2, (x-radius/2, y-radius/2))
    textImg3 = myfont.render("3", True, color)
    screen.blit(textImg3, (x-radius/2, y+radius/2-20))
    textImg4 = myfont.render("4", True, color)
    screen.blit(textImg4, (x+radius/2-20, y+radius/2-20))

    #should the pieces be drawn?
    if piece1:
        start_angle = math.radians(0)
        end_angle = math.radians(90)
        pygame.draw.arc(screen, color, position, start_angle, end_angle, width)
        pygame.draw.line(screen, color, (x,y), (x,y-radius), width)
        pygame.draw.line(screen, color, (x,y), (x+radius,y), width)
    if piece2:
        start_angle = math.radians(90)
        end_angle = math.radians(180)
        pygame.draw.arc(screen, color, position, start_angle, end_angle, width)
        pygame.draw.line(screen, color, (x,y), (x,y-radius), width)
        pygame.draw.line(screen, color, (x,y), (x-radius,y), width)
    if piece3:
        start_angle = math.radians(180)
        end_angle = math.radians(270)
        pygame.draw.arc(screen, color, position, start_angle, end_angle, width)
        pygame.draw.line(screen, color, (x,y), (x-radius,y), width)
        pygame.draw.line(screen, color, (x,y), (x,y+radius), width)
    if piece4:
        start_angle = math.radians(270)
```

```
    end_angle = math.radians(360)
    pygame.draw.arc(screen, color, position, start_angle, end_angle, width)
    pygame.draw.line(screen, color, (x,y), (x,y+radius), width)
    pygame.draw.line(screen, color, (x,y), (x+radius,y), width)

#is the pie finished?
if piece1 and piece2 and piece3 and piece4:
    color = 0,255,0

pygame.display.update()
```

2.4 小结

本章介绍了 Pygame 库，它将会真正地让我们了解到 Python 所能带来的很多乐趣，而不只是将纯文本输出到控制台。

挑战

1. 使用本章的示例作为起点，编写一个程序来绘制一个椭圆，这是我们在本章中没有介绍的形状。

2. 选取一个示例，例如，绘制线条示例，修改它以便用随机的值绘制 1000 个线条。了解一下 random 库和 random.randint()函数。

3. 绘制矩形示例是唯一一个绕着屏幕移动形状的示例。修改该程序，以便任何时候，当矩形碰到屏幕边界时，矩形都将会改变颜色。

第**3**章
I/O、数据和字体：Trivia 游戏

文件的目的是以一种逻辑方式来存储数据，以便随后可以读取，并且必要的时候可以更新。要读取和写入文件，你必须要理解数据类型，因为存储在一个文件中的数据必须是特定的。本章介绍数据类型和文件 I/O。本章的另一个目的是很好地使用数据类型和文件I/O：使用字体把文本打印到屏幕上。

本章包括如下内容。

◎ Python 数据类型；
◎ 获取用户输入；
◎ 处理异常；
◎ Mad Lib 游戏；
◎ 操作文本文件；
◎ 操作二进制文件；
◎ Trivia 游戏。

3.1 了解 Trivia 游戏

Trivia 游戏展示了本章所介绍的概念，从一个文件中读取出智趣问题，并且要求用户从多个可选的答案中做出选择。可以通过一个文本编辑器，甚至是使用 IDLE，很容易地编辑智趣问题和答案。图 3.1 展示了在学完本章之后这个游戏的样子。

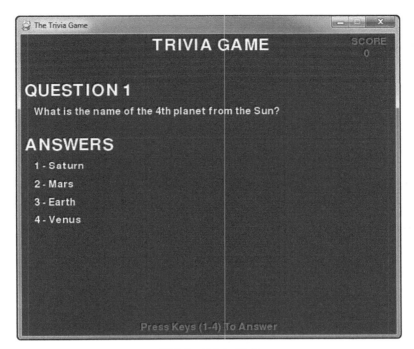

图 3.1 Trivia 游戏

3.2 Python 数据类型

记住，Python 是一种解释型语言，而不是像 C++那样的编译型语言，因此，对程序员会有更多的包容性。Python 变量可以先是一个字符串，然后成为一个数字，最后再次成为字符串，而不会有任何报错。例如：

```
something = 123
print(something)
something = "ABC"
print(something)
```

这段代码会产生如下输出：

```
123
ABC
```

当你需要将一个数字转换为一个字符串的时候，使用 str() 函数；要将带有数字的一个字符串转化为一个数值变量的时候，使用 int() 或 float() 函数。

3.2.1 关于打印的更多知识

print() 函数可以一次打印多个变量，只要用一个逗号将每个变量隔开就行了。例如：

```
A = 123
B = "ABC"
C = 456
D = "DEF"
print(A,B,C,D)
```

会得到：

```
123 ABC 456 DEF
```

注意，print() 在要打印的每个项之间插入了一个空格。我们可以在一个字符串变量中插入一个 \n 字符代码，从而给要输出的文本添加一个空行：

```
name = "John Carpenter\n"
birth = "11/11/2011"
print(name,birth)
```

这会输出：

```
John Carpenter
 11/11/2011
```

注意，print() 仍然在换行字符的后面插入了一个空白。print() 函数有另外一个可选的参数，它可以指定分隔符字符，可以修改这个分隔符字符，而不使用默认的空白字符。实际上，print() 一共有 4 个参数。第 3 个参数指定了换行字符，第 4 个参数指定了输出目标以进行重定向（不经常使用）。

```
print("String","Theory", sep='-', end=':')
```

这会输出：

```
String-Theory:
```

有些内建到 Python 中的值，我们也是可以打印出来的。让我们打印 sys.copyright，以显示 Python 中所使用的所有模块的版权。首先，在程序中添加：

```
import sys
```

以使得 sys 模块可用。然后，打印如下值：

```
print(sys.copyright)
```

这会输出：

```
Copyright (c) 2001-2011 Python Software Foundation.
All Rights Reserved.

Copyright (c) 2000 BeOpen.com.
All Rights Reserved.

Copyright (c) 1995-2001 Corporation for National Research Initiatives.
All Rights Reserved.

Copyright (c) 1991-1995 Stichting Mathematisch Centrum, Amsterdam.
All Rights Reserved.
```

 一些模块无法由 Python 自动加载。如果你认为自己的代码正确，但是 python.exe 仍然给出语法错误，确保对所必需的模块都使用了 import 语句。

另一个有趣的值是 sys.platform，这是表示当前使用的操作系统的一个字符串。对于 Windows 系统来说，这个字符串将会是"win32"或"win64"，并且会根据 Python 所支持的其他操作系统而变化。如果你想要知道所使用的 Python 的版本，可以通过如下语句来显示它：

```
print(sys.version)
```

这会产生如下所示的输出（将会根据操作系统不同而有所变化）：

```
3.2 (r32:88445, Feb 20 2011, 21:29:02) [MSC v.1500 32 bit (Intel)]
```

如何打印出日期和时间呢？代码如下：

```
import datetime
from datetime import datetime, timezone
print(datetime.now())
```

这将会输出：

```
2011-06-14 16:52:00.572000
```

关于允许获取具体 datetime 部分（月份、天数、年份等）的 datetime 类，则还有更多细节需要介绍。

3.2.2　获取用户输入

我们可以使用 input() 函数从控制台获取用户输入，该函数返回一个字符串。该函数最简单的用法是，当程序完成运行的时候直接暂停输出。有一个可选的参数，可以在等待输入之前显示文本。例如：

```
poem = """
Three Rings for the elven kings under the sky,
Seven for the dwarf lords in their halls of stone,
Nine for the mortal men doomed to die,
One for the dark lord on his dark throne.
In the land of mordor where the shadows lie,
One ring to rule them all, One ring to find them,
One ring to bring them all and in the darkness bind them.
- J.R.R. Tolkien
"""
print(poem)
input("Press Enter to continue...")
```

要创建跨越多行的一个较长的文本字符串，用三个引号将文本行括起来。

这个示例将等待用户按下 Enter 键，然后才会退出。但是，我们也可以通过 input() 来读取键盘输入，而不只是等待用户按下 Enter 键（这样做会返回一个空的字符串）。

```
name = input("Pray tell, what is thy name? ")
print("Fare thee well, Master", name)
```

输出如下：

```
Pray tell, what is thy name? Ambivalent Programmer
Fare thee well, Master Ambivalent Programmer
```

Python 擅长于处理成组的信息。要创建任何数据的一个类似数组的列表，只要设置一个变量等于方括号中的项就可以了，其中的每个项都用一个逗号隔开，如 mylist = [1,2,3,4,5]。也可以使用字符串或其他的数据类型。

3.2.3 处理异常

如果需要让用户输入一个数字并使用它进行计算，那么可以使用 int()或 float()函数将输入的文本转换成一个数字变量。但是，如果用户输入的是非数值的数字，那么，程序会崩溃。我们不能允许这种情况干扰程序，因为用户可能会输入一个不合法的输入值，并且没有处理可能存在的错误，程序肯定会崩溃。例如：

```
Enter a number: ABC
Traceback (most recent call last):
  File "InputDemo.py", line 4, in <module>
    number = float(s)
ValueError: could not convert string to float: 'ABC'
```

我们可以使用一个 **try...except** 语句块来处理这个问题，它会捕捉错误。在下面的示例中，有问题的代码行出现在 **try：** 语句块中，并且如果有一个错误的话，**except：** 语句块中的代码将会运行。在任何一种情况下，程序都将继续运行。

```
s = input("Enter a number: ")
try:
    number = float(s)
except:
    number = 0
answer = number * number
print(number,"*",number,"=",answer)
```

如下是一个运行示例。如果你输入了无效的数据，因为有了错误处理程序，输出将会返回一个 0 值。

```
Enter a number: 15
15.0 * 15.0 = 225.0
```

3.2.4 Mad Lib 游戏

本章还没有结束，但我们有了足够的知识，可以获取输入并开发一个好玩的 Mad Lib 游戏了。Mad Lib 游戏相当简单。它要求某个人填入一些名称、事情、地点，然后，使用这些单词和短语来组成一个故事，往往会得到出人意料的、幽默的结果。这个小程序的有趣之处在于，故事是如何构建出来的。它使用 **string.replace()**在故事字符串上执行搜索一替换操作，以用户数据来替代带标签的单词（大写的），而不是使用用户输入的变量（guy、girl、food 等）来构建故事。Python 模块中还有很多有用的类和方法。请仔细研究 Python 文档并学习其隐藏的秘密，就像一位探险者绘制一个未发现的国家一样。这种学习方法和精神，正是平庸的程序员和伟大的程序员之间的区别。

```python
print("MAD LIB GAME")
print("Enter answers to the following prompts\n")

guy = input("Name of a famous man: ")
girl = input("Name of a famous woman: ")
food = input("Your favorite food (plural): ")
ship = input("Name of a space ship: ")
job = input("Name of a profession (plural): ")
planet = input("Name of a planet: ")
drink = input("Your favorite drink: ")
number = input("A number from 1 to 10: ")

story = "\nA famous married couple, GUY and GIRL, went on\n" +\
        "vacation to the planet PLANET. It took NUMBER\n" +\
        "weeks to get there travelling by SHIP. They\n" +\
        "enjoyed a luxurious candlelight dinner over-\n" +\
        "looking a DRINK ocean while eating FOOD. But,\n" +\
        "since they were both JOB, they had to cut their\n" +\
        "vacation short."

story = story.replace("GUY", guy)
story = story.replace("GIRL", girl)
story = story.replace("FOOD", food)
story = story.replace("SHIP", ship)
story = story.replace("JOB", job)
story = story.replace("PLANET", planet)
story = story.replace("DRINK", drink)
story = story.replace("NUMBER", number)
print(story)
```

示例输出如图 3.2 所示（注意，这将会根据用户输入内容而有所变化）。我已经用粗体突出显示了用户数据，以展示出故事是如何构建的。

```
MAD LIB GAME
Enter answers to the following prompts

Name of a famous man: Stephen Hawking
Name of a famous woman: Drew Barrymore
```

```
Your favorite food (plural): lasagna
Name of a space ship: TIE Fighter
Name of a profession (plural): philanthropists
Name of a planet: Tattooine
Your favorite drink: Raktajino
A number from 1 to 10: 8

A famous married couple, Stephen Hawking and Drew Barrymore, went on
vacation to the planet Tattooine. It took 8
weeks to get there travelling by TIE Fighter. They
enjoyed a luxurious candlelight dinner over
looking a Raktajino ocean while eating lasagna. But,
since they were both philanthropists, they had to cut their
vacation short.
```

图 3.2 Mad Lib 游戏

把最终的故事文本在每一行都对齐的话，可能要花些功夫。这是可以做到的，但是，这里为了便于说明，我们使得代码尽量简短和简单。

3.3 文件输入/输出

文件的最简单的形式就是文本文件，可以用 **Notepad** 这样的文本编辑器打开文本文件。在这样的一个文件中，我们可以按照每行一个显著的项的方式来读取数据，然后将每行都读入到一个变量中。

3.3.1 操作文本

要在 Python 中打开一个文件，使用 open()函数。第一个参数是文件名，第二个参数是打开模式。这些打开模式如表 3.1 所示。在大多数情况下，我们将使用"**r**"进行读取，但是，所有的这些模式都是可用的，可以创建、添加、覆盖文件，以及使用文件函数读取文件。

表 3.1　文本文件打开模式

模式	说明
"r"	打开文件以读取数据
"w"	打开文件以写入数据
"a"	打开文件以添加数据
"r+"	打开文件以读取和写入数据
"w+"	打开文件以写入和读取数据
"a+"	打开文件以添加和读取数据

可以像下面这样调用 **open()**函数：

```
file = open("data.txt", "r")
```

在完成操作后要关闭文件，可以像下面这样进行：

```
file.close()
```

写入到文本文件

要把数据写入到一个文本文件，必须以"**w**"写属性来打开文件。有一种把文本数据写入到文件的基本的方式，即使用 **file.write()**函数。令人惊讶的是，还有一个 **writeline()**类型的函数，它只是将单独的一行写入到文件（还有一种写多行的形式 **file.writelines()**，用来写入一个字符串列表），因此，对于需要保存为单独一行的文本，我们需要在文本末尾添加一个换行字符(\n)。

```
file = open("data2.txt", "w")
file.write("Sample file writing\n")
file.write("This is line 2\n")
file.close()
```

如下是一次性将一个字符串列表中的数行写入到文件中的另一个示例：

```
text_lines = [
    "Chapter 3\n",
    "Sample text data file\n",
    "This is the third line of text\n",
    "The fourth line looks like this\n",
    "Edit the file with any text editor\n" ]

file = open("data.txt", "w")
file.writelines(text_lines)
file.close()
```

从文本文件读取内容

要读取一个文件，我们必须先打开它以供读取。代码和为了写入而打开一个文件的代码类似，我们只需要修改文件模式：

```
file = open("data.txt", "r")
```

一旦打开了一个文件，就可以读取其中的数据了，并且有多个函数可以按不同的方式来完成这件事情。要每次读取一个字符，使用 **file.read(n)**，其中 **n** 是要读取的字符的数目：

```
char = file.read(10)
print(char)
```

以上代码从文件中的当前文件指针位置读取 10 个字符。像这样重复地调用，将继续从该文件读取更多的字符，并且向前推进指针位置。要把整个文件读取到一个字符串变量中，可以使用如下代码：

```
all_data = file.read()
print(all_data)
```

我们也可以使用 **file.readline(n)** 读取整行的文本数据，其中 **n** 是一个可选的数字，表示从当前行读取的字符的数目。

```
one_line = file.readline()
print(one_line)
```

要读取整个数据文件中的所有的行，使用 **file.readlines()**。调用这个函数并不会使用文本数据填充接受数据的变量。相反，会创建一个列表，其中每一行都是列表中的一项。打印列表变量中的数据，并不会将文本数据按照它们在文件中显示的样子打印出来。例如，如下代码：

```
all_data = file.readlines()
print(all_data)
```

会产生如下输出：

```
['Chapter 3\n', 'Sample text data file\n', 'This is the third line of text\n',
'The fourth line looks like this\n', 'Edit the file with any text editor\n']
```

看上去有点奇怪，是不是？好吧，既然已经通过 **all_data** 变量创建了一个列表，那就可以使用一个 **for** 循环，像数组一样地索引该列表。注意，这里使用了 **string.strip()** 方法，它删去了行末的换行字符。

```
print("Lines: ", len(all_data))
for line in all_data:
    print(line.strip())
```

如下输出显示了文本文件的内容：

```
Lines: 5
Chapter 3
Sample text data file
This is the third line of text
The fourth line looks like this
Edit the file with any text editor
```

3.3.2 操作二进制文件

二进制文件包含字节。字节可能是编码的整数、编码的浮点数、编码的列表（稍后我们将会介绍），或者任何其他的数据类型。在 Python 中，可以使用二进制文件来读取一个 PNG 位图文件。现在，在后面解释数据则取决于你这样的程序员，但是，**Python** 可以读取数据并将其提供到缓存中以供处理。表 3.2 列出了二进制文件模式。

表 3.2　二进制文件打开模式

模式	说明
"rb"	打开二进制文件以读取数据
"wb"	打开二进制文件以写入数据
"ab"	打开二进制文件以添加数据
"rb+"	打开二进制文件以读取和写入数据
"wb+"	打开二进制文件以写入和读取数据
"ab+"	打开二进制文件以添加和读取数据

以二进制模式打开一个文件，类似于我们已经看到的情况，并且，可能会像下面这样调用：

```
file = open("data.txt", "rb")
To close the file after finishing with it:
file.close()
```

写入二进制文件

我认为最为有用的二进制文件是所包含的数据与一种 Python 结构相对应的二进制文件，尽管这一点是有争议的。我们将一个结构写入到文件并且用字段将其原封不动地读取回来的能力，真的可以处理我们可能拥有的任何定制数据文件，不管文件是用于游戏的还是用于任何其他程序。Python 没有将用户定义的数据类型结构和文件输入/输出直接关联起来。但是，它确实提供了一个名为 struct 的库，该库具备将数据打包到一个字符串中并进行输出的功能。我们可以以二进制模式来写这些数据，但是，有趣的是，它真的是设计来将文本数据写为缓存的。

数据编码到二进制格式的方法是，使用 struct.pack()函数。当再次从文件读取数据的时候，它使用 struct.unpack()解码。struct 是一个 Python 模块。

要使用该模块，我们必须先使用一条 import 语句将其导入，就像对 Pygame 所做的那样：

```
import struct
```

让我们看看如何以二进制模式读取和写入一个文件。如下的示例代码将 1000 个整数写入到一个二进制文件中。首先，我们看看如何写入，然后，我们再将数据读回来。首先，以二进制写模式打开该文件：

```
file = open("binary.dat", "wb")
```

接下来，把 1000 个整数写入到文件中：

```
for n in range(1000):
    data = struct.pack('i', n)
    file.write(data)
Lastly, close the file:
file.close()
```

从二进制文件读取

现在，我们来看看如何从一个二进制文件读出数据，并且将其解包以便显示，每次处理一个值。要验证这段代码是有效的，我们应该期待看到从 0 到 999 的值出现。首先，我们打开文件，并且使用 struct.calcsize()计算一个 int 类型的大小，以便 struct.unpack()函数知道针对每个数字需要读出多少个字节。

```
file = open("binary.dat", "rb")
size = struct.calcsize("i")
```

接下来，一个 while 循环每次从文件中读取 size 字节的数据，直到所有的数据都读取完。每次读取一个值的时候，都会将它解包，从一个列表转换为一个简单的变量，然后打印出来。

```
bytes_read = file.read(size)
while bytes_read:
    value = struct.unpack("i", bytes_read)
    value = value[0]
    print(value, end=" ")
    bytes_read = file.read(size)
file.close()
```

可以编写类似的代码，将额外的数据顺序地存储到文件中。只要读回数据的顺序与写入数据的顺序相同，就可以把不同类型的数据写入到文件中。

3.4 Trivia 游戏

现在是时候把我们所学到的文件输入/输出的相关知识应用到游戏中，以帮助你更好地掌握这个领域了。这款游戏将使用 Pygame 运行于一个图形化窗口中，因此，我们需要学习使用文本输出。

3.4.1　用 Pygame 打印文本

在本章中学习文件输入/输出的时候，我们已经将很多文本打印到了控制台，但是，现在到了控制台不够用的时候了，我们需要一种更高级的用户交互，而这只有图形化系统能够提供。我们将学习如何提升一个等级，使用 Pygame 把文本以图形化模式打印到屏幕上。

pygame.font 模块使我们能够以图形模式按照字体来打印文本。在前面的章节中，我们已经使用了 pygame.font，但是我们将再次快速介绍它。产生可打印的字体的类是 pygame.font.Font。默认情况下，传递 None 作为字体名称将会导致 pygame.font.Font()构造函数加载默认的 Pygame 字体。构造函数的第二个参数是字体的点大小。如下这行代码创建了一个 30 点的默认字体：

```
myfont = pygame.font.Font(None, 30)
```

我们也可以指定一种字体名称来为我们的游戏选用一种自定义字体：

```
myfont = pygame.font.Font("Arial", 30)
```

要打印文本，font.render()函数使用写出的文本创建了一个位图，然后，我们用 screen.blit()将位图绘制到屏幕上。

```
image = font.render(text, True, (255,255,255))
screen.blit(image, (100, 100))
```

3.4.2　Trivia 类

游戏中的程序源代码，主要负责获取键盘输入和刷新屏幕。主要的游戏逻辑代码在一个名为 Trivia 的新类中。首先，我们导入游戏所需的模块：

```
import sys, pygame
from pygame.locals import *
```

接下来，我们开始创建 Trivia 类。有一个 filename 参数传递给构造函数__init__()，该文件中包含了游戏数据。这些数据通过一次单独的 file.readlines()函数调用而载入，然后，游戏在通过其列表来使用这些数据。Trivia 类中还有一些字段变量（也叫作属性），用来处理游戏逻辑。所有的逻辑都通过 Trivia 类中的方法来执行，而不是通过主程序来执行。

```
class Trivia(object):
    def __init__(self, filename):
        self.data = []
        self.current = 0
        self.total = 0
        self.correct = 0
        self.score = 0
        self.scored = False
        self.failed = False
        self.wronganswer = 0
        self.colors = [white,white,white,white]
```

3.4.3 加载 Trivia 数据

在数据加载后，会解析游戏数据（通过名为 **trivia_data** 的列表对象），并且每次复制一行到一个名为 **Trivia.data** 的新的列表中。使用新列表的原因是，我们可以删除掉每一行的空白（主要是每行末尾的换行字符）。如下代码也位于构造函数**__init__()**中。

```
#read trivia data from file
f = open(filename, "r")
trivia_data = f.readlines()
f.close()

#count and clean up trivia data
for text_line in trivia_data:
    self.data.append(text_line.strip())
    self.total += 1
```

游戏所包含的数据文件中，只有 5 个问题，但是这款游戏支持更多的问题，因此，你可以添加更多的问题。这款 Trivia 游戏的主题是天文学。至少自己先尝试回答几次，而不要作弊或者提前看答案！你可以使用任何的文本编辑器（包括 **IDLE**）来编辑 trivia_data.txt 文件。游戏数据的格式如下所示：第 1 行是问题，第 2 行到第 5 行是答案，第 6 行是正确答案。看，很简单吧！

```
What is the name of the 4th planet from the Sun?
Saturn
Mars
Earth
Venus
```

```
2
Which planet has the most moons in the solar system?
Uranus
Saturn
Neptune
Jupiter
4
Approximately how large is the Sun's diameter (width)?
65 thousand miles
45 million miles
1 million miles
825 thousand miles
3
How far is the Earth from the Sun in its orbit (on average)?
13 million miles
93 million miles
250 thousand miles
800 thousand miles
2
What causes the Earth's oceans to have tides?
The Moon
The Sun
Earth's molten core
Oxygen
1
```

3.4.4 显示问题和答案

游戏中的主要工作都在 Trivia.show_question()方法中完成。它绘制了游戏的整个屏幕，包括标题、页脚、问题和答案，并且根据用户输入以不同的颜色来显示答案。当用户选择了正确的答案，它显示为绿色。如果用户选择了错误的答案，它显示为红色，并且正确的答案会显示为绿色。这可能需要一些逻辑性的代码，但是，在绘制每个答案的文本的时候，使用 4 种颜色的一个列表可以把问题简化。从一条问题记录（在加载的数据中）索引到另一条记录，关键在于 Trivia.current 字段。图 3.3 给出了当用户输入正确答案时的最终显示。

```python
def show_question(self):
    print_text(font1, 210, 5, "TRIVIA GAME")
    print_text(font2, 190, 500-20, "Press Keys (1-4) To Answer", purple)
```

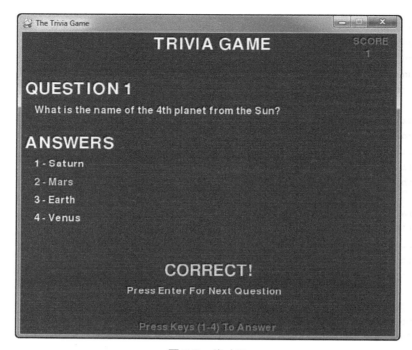

图 3.3　答对了

```
print_text(font2, 530, 5, "SCORE", purple)
print_text(font2, 550, 25, str(self.score), purple)

#get correct answer out of data (first)
self.correct = int(self.data[self.current+5])

#display question
question = self.current // 6 + 1
print_text(font1, 5, 80, "QUESTION " + str(question))
print_text(font2, 20, 120, self.data[self.current], yellow)

#respond to correct answer
if self.scored:
    self.colors = [white,white,white,white]
    self.colors[self.correct-1] = green
    print_text(font1, 230, 380, "CORRECT!", green)
    print_text(font2, 170, 420, "Press Enter For Next Question", green)
elif self.failed:
    self.colors = [white,white,white,white]
```

```
        self.colors[self.wronganswer-1] = red
        self.colors[self.correct-1] = green
        print_text(font1, 220, 380, "INCORRECT!", red)
        print_text(font2, 170, 420, "Press Enter For Next Question", red)

    #display answers
    print_text(font1, 5, 170, "ANSWERS")
    print_text(font2, 20, 210, "1 - " + self.data[self.current+1], self.colors[0])
    print_text(font2, 20, 240, "2 - " + self.data[self.current+2], self.colors[1])
    print_text(font2, 20, 270, "3 - " + self.data[self.current+3], self.colors[2])
    print_text(font2, 20, 300, "4 - " + self.data[self.current+4], self.colors[3])
```

3.4.5 响应用户输入

　　Trivia 游戏工作的时候，等待用户按下键 1、2、3 或 4，从 4 个答案中选取一个。当用户按下这些键之一的时候，调用 Trivia.handle_input()方法。如果没有选择一个答案，那么，会把用户输入与正确的答案进行比较，并且 self.scored 或者 self.failed 会设置为 True。然后，游戏会对这两个标志做出响应，并且会进入等待状态，直到用户按下 Enter 键以继续下一个问题。如图 3.4 所示。

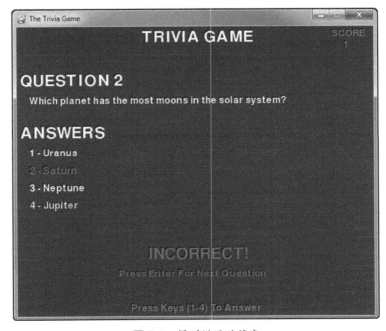

图 3.4　得到错误的答案

```
def handle_input(self,number):
    if not self.scored and not self.failed:
        if number == self.correct:
            self.scored = True
            self.score += 1
        else:
            self.failed = True
            self.wronganswer = number
```

3.4.6 继续下一个问题

在选择了答案之后，游戏显示结果，并且等待用户按下 Enter 键以继续。该键会触发对 Trivia.next_question()方法的调用。如果游戏处于两个问题之间的等待状态，那么，会重置标志，重置颜色，并且游戏跳到下一个问题。由于数据文件中的每个问题占 6 行（1 个问题、4 个答案，以及表示正确答案的一个编号），**Trivia.current** 字段会增加 6，从而跳到下一个问题。

```
def next_question(self):
    if self.scored or self.failed:
        self.scored = False
        self.failed = False
        self.correct = 0
        self.colors = [white,white,white,white]
        self.current += 6
        if self.current >= self.total:
            self.current = 0
```

3.4.7 主代码

主代码相当紧凑，因此主要的游戏逻辑功能已经放到了 **Trivia** 类中。首先，我们有一个名为 print_text()的辅助函数。它是可以复用的，因为传递给该函数的第一个参数应该是一个 font 对象。

```
def print_text(font, x, y, text, color=(255,255,255), shadow=True):
    if shadow:
        imgText = font.render(text, True, (0,0,0))
        screen.blit(imgText, (x-2,y-2))
    imgText = font.render(text, True, color)
    screen.blit(imgText, (x,y))
```

接下来，是主程序初始化代码，它创建了 Pygame 窗口并且为游戏做好准备。

```
#main program begins
pygame.init()
screen = pygame.display.set_mode((600,500))
pygame.display.set_caption("The Trivia Game")
font1 = pygame.font.Font(None, 40)
font2 = pygame.font.Font(None, 24)
white = 255,255,255
cyan = 0,255,255
yellow = 255,255,0
purple = 255,0,255
green = 0,255,0
red = 255,0,0
```

接下来，创建 trivia 对象（使用 Trivia 类）并加载名为 trivia_data.txt 的一个数据文件。我们来看一下该文件。

```
#load the trivia data file
trivia = Trivia("trivia_data.txt")
```

有一个 while 循环保持游戏运行，可以认为它是游戏循环。大多数的代码，都涉及使用键盘事件来获取用户输入。然后，只是清除屏幕并且调用 trivia.show_question() 来更新游戏的当前状态。最后一行更新了屏幕。

```
#repeating loop
while True:
    for event in pygame.event.get():
        if event.type == QUIT:
            sys.exit()
        elif event.type == KEYUP:
            if event.key == pygame.K_ESCAPE:
                sys.exit()
            elif event.key == pygame.K_1:
                trivia.handle_input(1)
            elif event.key == pygame.K_2:
                trivia.handle_input(2)
            elif event.key == pygame.K_3:
                trivia.handle_input(3)
            elif event.key == pygame.K_4:
                trivia.handle_input(4)
            elif event.key == pygame.K_RETURN:
                trivia.next_question()
```

```
#clear the screen
screen.fill((0,0,200))

#display trivia data
trivia.show_question()

#update the display
pygame.display.update()
```

现实世界

在很多大规模的软件工程项目中，Python 因为其多才多艺而得到采用。例如，NASA 使用 Python 开发用于航天飞机的软件。参见这里关于成功案例的介绍：http://www.python.org/about/success/usa。

3.5　小结

本章介绍了数据类型、输入和打印、文件输入/输出，以及高效地管理游戏数据等基础知识。Trivia 游戏的最终结果，展示了 Python 可以非常容易地处理不同类型的数据。

挑战

1. 修改 Trivia 游戏，使用已有的代码来扩展你的背景，加入自己的用户输入和问题。

2. 修改 Trivia 游戏中包含问题的 trivia_data.txt 数据文件，添加几个新的航天学问题。作为替代方案，可以创建你自己选择的其他学科领域的问题。

3. 修改 Trivia 游戏，使得用户回答完最后一个问题之后，提示用户是想要再玩一次还是退出，而不是从头再开始回答。

第 **4** 章

用户输入：Bomb Catcher 游戏

到目前为止，对于 Python 和 Pygame 我们只是隔靴挠痒，学习了如何用不同的字体打印文本，以及用不同的颜色绘制线条和形状。不要误解我的意思，仅仅使用这些基本的功能，我们可以做很多的事情，但是 Pygame 提供了更多的功能。我们打算专门用本章来介绍用户输入。也就是说，使用键盘和鼠标获取用户输入。我前面提到了，需要花些精力才能熟悉 Python，而由于 Python 的特性，Pygame 也具有这样的特点。Pygame 实际上完全是基于另一个库 SDL 的。SDL（Simple DirectMedia Layer，www.libsdl.org）是一个开源库，它使得 2D 图形绘制和用户输入很容易在多平台上得到支持。由于 Pygame 是基于 SDL 的，大多数 SDL 功能在 Pygame 中都得到支持。我们将在本章中通过制作一款实时游戏来学习使用用户输入功能。

本章包括如下主题。

◎ 学习 Pygame 事件；

◎ 学习实时循环；

◎ 学习键盘和鼠标事件；

◎ 学习轮询键盘和鼠标设备状态；

◎ 编写 Bomb Catcher 游戏。

4.1 认识 Bomb Catcher 游戏

Bomb Catcher 游戏如图 4.1 所示。该游戏帮助我们巩固在关于用户输入的那一章中所学的知识。特别是，该游戏使用鼠标在屏幕底端移动红色的"挡板"，以接住从屏幕顶端落下的黄色的"炸弹"。

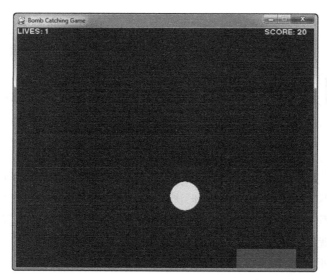

图 4.1　Bomb Catcher 游戏

4.2　Pygame 事件

Pygame 事件处理 Pygame 程序中的各种事情。我们已经使用过 Pygame 所支持的一些事件类型，因此，它们看上去应该很熟悉。如下是完整的事件列表，其中我们已经使用过的事件用粗体表示。

◎　**QUIT**

◎　ACTIVEEVENT

◎　**KEYDOWN**

◎　**KEYUP**

◎　**MOUSEMOTION**

◎　**MOUSEBUTTONUP**

◎　**MOUSEBUTTONDOWN**

◎　JOYAXISMOTION

◎　JOYBALLMOTION

◎　JOYHATMOTION

◎ JOYBUTTONUP

◎ JOYBUTTONDOWN

◎ VIDEORESIZE

◎ VIDEOEXPOSE

◎ USEREVENT

我们不打算介绍所有的事件，而只是介绍那些与用户输入相关的事件。Pygame 确实支持游戏手柄输入。必须插入游戏手柄，并且进行操作系统配置，它才能在 Pygame 中使用。如果你想要动手进行游戏手柄编程，就尝试一下。所使用的代码，与这里看到的用于键盘和鼠标的代码是类似的。

在 Pygame 中，使用事件系统以及轮询来获取鼠标和键盘的输入，都是可能的。是组合使用二者，还是使用其中某一种，这要根据偏好，因为它们各有各的工作方式。

4.2.1 实时事件循环

Pygame 中的事件处理是在一个实时的循环中完成的。使用一条 while 语句和一个 while 语句块来创建循环，只要 while 条件保持为真，while 语句块中的代码就会重复地执行。在本书给出的很多的示例中，我们使用

```
while True:
```

作为条件限定符。这段代码通常会创建一个无限的循环，并且在这里就是这样，除非我们有一个 sys.exit()函数来退出。

要响应一个 Pygame 事件，我们必须解析事件并处理每个事件。尽管有可能一次有很多的事件，通常只给出一种事件的简单示例。更为复杂的程序，特别是游戏，将会同时发生很多的事件。因此，我们需要再随着事件的产生而解析它们。这通过如下代码做到：

```
pygame.event.get()
```

这段代码将会创建当前等待处理的事件的一个列表。我们使用一个 for 循环来遍历该列表：

```
for event in pygame.event.get():
```

这将会根据事件产生的顺序依次给我们每一个事件。典型的事件是按键按下、按键释放以及鼠标移动。我们必须响应的最常见的事件是 QUIT，当用户关闭窗口的时候会发生

该事件。

```
while True:
    for event in pygame.event.get():
        if event.type == QUIT:
            sys.exit()
```

4.2.2　键盘事件

键盘事件包括 KEYUP 和 KEYDOWN。当你想要响应按键按下的时候，查看 KEYDOWN 事件；要响应按键释放，查看 KEYUP 事件。通常，响应按键事件的最佳方式是使用标志变量。例如，当按下空格键的时候，会设置诸如 space_key = True 的标志。然后，当按键释放的时候，会设置 space_key = False。通过这种方式，我们不必在事件发生的时候立即响应它，但是，可以响应标志变量（在程序中的其他地方）。

几乎在所有的程序中，经常查找的一个键是退出键。通常，我使用 Escape 作为默认的退出键，这是终止程序的一种标准方式。我们可以编写如下的代码来响应退出键：

```
while True:
    for event in pygame.event.get():
        if event.type == QUIT:
            sys.exit()
        elif event.type == KEYDOWN:
            if event.key == pygame.K_ESCAPE:
                sys.exit()
```

注意，在这个示例中，在计算事件类型的时候，必须使用一条 elif 语句。Python 语句中没有 "switch" 或 "select" 条件语句，只有 if...elif...else。当我们只需要使用几个键的时候，这能够很好地工作。如果我们要想查看包含很多键的输入，怎么办呢？在这种情况下，我们必须为每个键写一条 if 语句吗？一种方法是查看 key.name 属性，它将会返回包含了键名的一个字符串。另一种方法是轮询键盘（稍后详细介绍）。

默认情况下，Pygame 不会重复地响应一个持续被按下的键；它只是在该键第一次按下的时候发送一个事件。为了让 Pygame 能够在一个键被持续按下的时候产生重复的事件，我们必须打开键重复功能：

```
pygame.key.set_repeat(10)
```

参数是一个以毫秒为单位的重复值。不使用参数调用这个方法，将无法使用按键重复功能。

4.2.3 鼠标事件

Pygame 支持的鼠标事件包括: MOUSEMOTION、MOUSEBUTTONUP 和 MOUSEBUT TONDOWN。Pygame 文档对每个事件的属性较少提及, 因此, 需要花些时间来找到它们。当相应的事件发生的时候, 我们可以读取事件中的这些属性。

对于 MOUSEMOTION 事件, 属性是 event.pos、event.rel 和 event.buttons。

```
for event in pygame.event.get():
    if event.type == MOUSEMOTION:
        mouse_x,mouse_y = event.pos
        move_x,move_y = event.rel
```

对于 MOUSEBUTTONDOWN 和 MOUSEBUTTONUP 事件, 属性是 event.pos 和 event.buttons。

```
for event in pygame.event.get():
    elif event.type == MOUSEBUTTONDOWN:
        mouse_down = event.button
        mouse_down_x,mouse_down_y = event.pos
    elif event.type == MOUSEBUTTONUP:
        mouse_up = event.button
        mouse_up_x,mouse_up_y = event.pos
```

4.3 设备轮询

Pygame 中的事件系统并非我们可以用来检测用户输入的唯一的方法。我们可以轮询输入设备, 看看用户是否与我们的程序交互。

4.3.1 轮询键盘

在 Pygame 中, 使用 pygame.key.get_pressed() 来轮询键盘接口。该方法返回布尔值的一个列表, 这是一个大的标志列表, 每个键一个标志。使用相同的键常量值来索引所得到的布尔值数组(例如 pygame.K_ESCAPE)。一次轮询所有的键的好处是, 不必遍历事件系统

就可以检测多个键的按下。我们可以使用如下代码来代替旧的事件处理程序代码，以检测
Escape 键：

```
keys = pygame.key.get_pressed()
if keys[K_ESCAPE]:
    sys.exit()
```

 Pygame 中所有的键代码常量，如 K_RETURN，对应于它们对等的 ASCII 编码，因此使用任何的 ASCII 表来查找一个键是很容易的。

我们可以使用名为 chr() 的 Python 函数来返回一个 ASCII 编码数字的字符串表示。例如，小写字母 'a' 的 ASCII 编码是 97。这里有一个简短的游戏，它使用键盘和一个实时循环来测试你的打字速度。这不是精确的整个单词的速度，我们只是测试每次输入一个字母的速度，但是，这是了解键盘轮询代码和所支持的函数的一个好办法。图 4.2 展示了该程序运行的样子。你能超过我的得分吗？

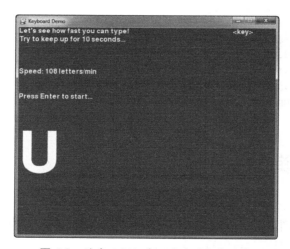

图 4.2　键盘示例程序测试你的打字速度

```
import sys, random, time, pygame
from pygame.locals import *

def print_text(font, x, y, text, color=(255,255,255)):
    imgText = font.render(text, True, color)
    screen.blit(imgText, (x,y))

#main program begins
```

```python
pygame.init()
screen = pygame.display.set_mode((600,500))
pygame.display.set_caption("Keyboard Demo")
font1 = pygame.font.Font(None, 24)
font2 = pygame.font.Font(None, 200)
white = 255,255,255
yellow = 255,255,0

key_flag = False
correct_answer = 97 # "a"
seconds = 11
score = 0
clock_start = 0
game_over = True

#repeating loop
while True:
    for event in pygame.event.get():
        if event.type == QUIT:
            sys.exit()
        elif event.type == KEYDOWN:
            key_flag = True
        elif event.type == KEYUP:
        key_flag = False

    keys = pygame.key.get_pressed()
    if keys[K_ESCAPE]:
        sys.exit()

    if keys[K_RETURN]:
        if game_over:
            game_over = False
            score = 0
            seconds = 11

clock_start = time.clock()
current = time.clock() - clock_start
speed = score * 6
if seconds-current < 0:
    game_over = True
elif current <= 10:
    if keys[correct_answer]:
        correct_answer = random.randint(97,122)
        score += 1

#clear the screen
```

```
screen.fill((0,100,0))

print_text(font1, 0, 0, "Let's see how fast you can type!")
print_text(font1, 0, 20, "Try to keep up for 10 seconds...")

if key_flag:
    print_text(font1, 500, 0, "<key>")

if not game_over:
    print_text(font1, 0, 80, "Time: " + str(int(seconds-current)))

print_text(font1, 0, 100, "Speed: " + str(speed) + " letters/min")

if game_over:
    print_text(font1, 0, 160, "Press Enter to start...")

print_text(font2, 0, 240, chr(correct_answer-32), yellow)

#update the display
pygame.display.update()
```

在这个小程序中，确实有一些新的 Python 代码，还是要了解一下它们才有助于我们的理解。你是否注意到使用了 random 模块？找到名为 random.randint() 的函数。这真的是一个有用的函数，它会产生在某个范围之内的一个随机数（这个范围由两个参数确定）。另一个非常有用的新的模块是 time，我们前面没有见过它。time.clock() 函数返回从程序启动到现在的秒数（毫秒数作为一个小数值包含其中）。这里，我们在一个减法计算中使用 time.clock()，实现从 10 到 1 的倒计数。一个名为 seconds 的变量从 11 开始，从 seconds 中减去 time.clock() 以得到一个倒计数值。真的很有用！

4.3.2　轮询鼠标

我们也可以忽略事件系统并且直接轮询鼠标，如果这能够更好地满足你的需要的话。实际上，我们只需要了解 3 个鼠标函数。第一个是 pygame.mouse.get_pos()，它返回表示鼠标的当前位置的 x 和 y 值对：

```
pos_x,pos_y = pygame.mouse.get_pos()
```

同样，我们可以使用类似的方式来读取鼠标的相对移动：

```
pygame.mouse.get_rel():
rel_x,rel_y = pygame.mouse.get_rel()
```

通过调用 pygame.mouse.get_pressed() 来读取鼠标按钮，它返回了按钮状态的一个数组：

```
button1, button2, button3 = pygame.mouse.get_pressed()
```

如下是鼠标输入的一个完整示例，既展示了事件，也展示了轮询鼠标输入读取。图 4.3 展示了这个鼠标示例程序的运行。

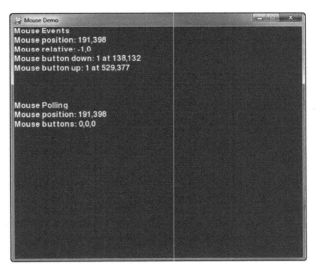

图 4.3　鼠标示例程序只是显示了基本的鼠标状态值

```
import sys, pygame
from pygame.locals import *

def print_text(font, x, y, text, color=(255,255,255)):
    imgText = font.render(text, True, color)
    screen.blit(imgText, (x,y))

#main program begins
pygame.init()
screen = pygame.display.set_mode((600,500))
pygame.display.set_caption("Mouse Demo")
font1 = pygame.font.Font(None, 24)
white = 255,255,255
mouse_x = mouse_y = 0

move_x = move_y = 0
mouse_down = mouse_up = 0
mouse_down_x = mouse_down_y = 0
mouse_up_x = mouse_up_y = 0

#repeating loop
while True:
    for event in pygame.event.get():
```

```
            if event.type == QUIT:
                sys.exit()
            elif event.type == MOUSEMOTION:
                mouse_x,mouse_y = event.pos
                move_x,move_y = event.rel
            elif event.type == MOUSEBUTTONDOWN:
                mouse_down = event.button
                mouse_down_x,mouse_down_y = event.pos
            elif event.type == MOUSEBUTTONUP:
                mouse_up = event.button
                mouse_up_x,mouse_up_y = event.pos

keys = pygame.key.get_pressed()
if keys[K_ESCAPE]:
    sys.exit()
    screen.fill((0,100,0))

    print_text(font1, 0, 0, "Mouse Events")
    print_text(font1, 0, 20, "Mouse position: " + str(mouse_x) +
            "," + str(mouse_y))
    print_text(font1, 0, 40, "Mouse relative: " + str(move_x) +
            "," + str(move_y))

    print_text(font1, 0, 60, "Mouse button down: " + str(mouse_down) +
            " at " + str(mouse_down_x) + "," + str(mouse_down_y))

    print_text(font1, 0, 80, "Mouse button up: " + str(mouse_up) +
            " at " + str(mouse_up_x) + "," + str(mouse_up_y))

    print_text(font1, 0, 160, "Mouse Polling")

    x,y = pygame.mouse.get_pos()
    print_text(font1, 0, 180, "Mouse position: " + str(x) + "," + str(y))

    b1, b2, b3 = pygame.mouse.get_pressed()
    print_text(font1, 0, 200, "Mouse buttons: " +
            str(b1) + "," + str(b2) + "," + str(b3))

pygame.display.update()
```

4.4 Bomb Catcher 游戏

本章最后一个示例叫作 Bomb Catcher 游戏，如图 4.4 所示。它实际上是一个非常简单的演示，综合了鼠标输入、一些基本图形绘制和少量冲突检测逻辑。"炸弹"实际上只是不断重复地从屏幕顶端落下的黄色圆圈。当"炸弹"到达屏幕底部的时候，玩家没有抓住它就会丢掉性命（性命数显示在左上方）。但是，如果炸弹撞击到挡板，玩家就算抓住了炸弹，另一个炸弹还会继续落下。

当使用浮点数的速度值来移动游戏对象（就像我们的游戏中的炸弹）的时候，要小心。当把一个浮点数转换为一个整数的时候，不仅会丢失精度，而且如果由于舍入而导致游戏对象跑到屏幕之外的话，可能会遇到问题！我建议不要把浮点数转换为整数，而是保持对游戏对象的位置使用浮点数，除非真的需要整数形式（如用于绘制或打印）。

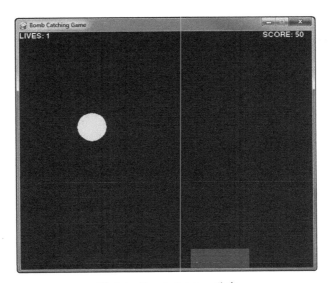

图 4.4　Bomb Catcher 游戏

```
# Bomb Catcher Game
# Chapter 4
import sys, random, time, pygame
from pygame.locals import *

def print_text(font, x, y, text, color=(255,255,255)):
    imgText = font.render(text, True, color)
    screen.blit(imgText, (x,y))

#main program begins
pygame.init()
```

```
screen = pygame.display.set_mode((600,500))
pygame.display.set_caption("Bomb Catching Game")
font1 = pygame.font.Font(None, 24)
pygame.mouse.set_visible(False)
white = 255,255,255
red = 220, 50, 50
yellow = 230,230,50
black = 0,0,0

lives = 3
score = 0
game_over = True
mouse_x = mouse_y = 0
pos_x = 300
pos_y = 460
bomb_x = random.randint(0,500)
bomb_y = -50
vel_y = 0.7

#repeating loop
while True:
    for event in pygame.event.get():
        if event.type == QUIT:
            sys.exit()
        elif event.type == MOUSEMOTION:
            mouse_x,mouse_y = event.pos
            move_x,move_y = event.rel
        elif event.type == MOUSEBUTTONUP:
            if game_over:
                game_over = False
                lives = 3
                score = 0

    keys = pygame.key.get_pressed()
    if keys[K_ESCAPE]:
        sys.exit()

    screen.fill((0,0,100))

    if game_over:
        print_text(font1, 100, 200, "<CLICK TO PLAY>")
else:
    #move the bomb
```

```
        bomb_y += vel_y

        #has the player missed the bomb?
        if bomb_y > 500:
            bomb_x = random.randint(0, 500)
            bomb_y = -50
            lives -= 1
            if lives == 0:
                game_over = True

        #see if player has caught the bomb
        elif bomb_y > pos_y:
            if bomb_x > pos_x and bomb_x < pos_x + 120:
                score += 10
                bomb_x = random.randint(0, 500)
                bomb_y = -50

        #draw the bomb
        pygame.draw.circle(screen, black, (bomb_x-4,int(bomb_y)-4), 30, 0)
        pygame.draw.circle(screen, yellow, (bomb_x,int(bomb_y)), 30, 0)

        #set basket position
        pos_x = mouse_x
        if pos_x < 0:
            pos_x = 0
        elif pos_x > 500:
            pos_x = 500
        #draw basket
        pygame.draw.rect(screen, black, (pos_x-4,pos_y-4,120,40), 0)
        pygame.draw.rect(screen, red, (pos_x,pos_y,120,40), 0)
    #print # of lives
    print_text(font1, 0, 0, "LIVES: " + str(lives))

    #print score
    print_text(font1, 500, 0, "SCORE: " + str(score))

    pygame.display.update()
```

4.5 小结

对于任何程序，包括游戏在内，我们为了使用好键盘和鼠标而需要了解的所有知识，就是本章中的这些内容了。你知道，使用 Python 和 Pygame，我们可以做游戏之外的很多事情（尽管游戏是一个有趣的领域）。使用本章的代码编写一个绘图程序，具有让用户保存和加载他们的绘图的功能，这想法怎么样?

挑战

1. Bomb Catching 游戏太小了，玩起来不是很过瘾。毕竟，它只是一个所谓的鼠标演示程序。让它更漂亮些如何? 首先，当炸弹撞击到屏幕底部的时候，我们需要一个延迟。这似乎反映出炸弹"爆炸"的样子，但实际上并没有发生什么。当炸弹撞击到屏幕底部，让程序暂停片刻，显示出一条"BOOM!"消息或其他内容，并且等待用户再次点击鼠标，然后再继续游戏。或者，更好一些的办法是，使用本章前面的 Keyboard 演示程序中的定时代码，在炸弹爆炸后暂停数秒，然后再继续。

2. 使用 pygame.draw.arc() 函数，在炸弹顶部添加一个引线，并且用一种随机的颜色重复地绘制它，使得看上去好像引线真的在燃烧一样! 可能需要做一些工作让引线朝向正确的方向。如果需要帮助，回过头去参考第 2 章，其中详细介绍了弧线（还记得 Pie 游戏吗）。

3. 给 Bomb Catching 游戏增加些难度，添加一个 vel_x 变量并且使用它（和当前的 vel_y 一起）来移动炸弹，让炸弹按照一定角度落下! 确保使用一个较小的 vel_x 值，以免炸弹还没有到达底部就跑出屏幕的左边界和右边界之外了。

第5章

Math 和 Graphics：Analog Clock

示例程序

本章介绍了 Python 的 math 模块，该模块可以执行计算，如常见的三角正弦函数、余弦函数、正切函数等。我们将学习在 math 模块中使用这些函数以及更多的函数，而甚至最简单的游戏也需要 math 模块。为了让 math 模块更有趣，我们将学习手动地绘制圆，然后使用代码来创建一个模拟时钟，它带有移动的时针、分针和秒针。本章内容对于我们在后面的章节中学习位图和精灵动画有帮助。

本章包含如下内容。

◎ 学习使用基本的三角函数；

◎ 一些圆理论；

◎ 遍历圆的周长；

◎ 用正弦和余弦函数绘制圆；

◎ 创建 Analog Clock 示例程序。

5.1 Analog Clock 示例程序简介

Analog Clock 示例程序展示了如何在 Python 中使用一些数学函数（本章中介绍），它让一个时钟的指针围绕着钟面旋转，如图 5.1 所示。

图 5.1　Analog Clock 示例程序

5.2　基本三角函数

我们打算学习 Python 的 math 模块中的一些函数，而不是全部。有几个数学函数，在你喜欢玩的几乎每一款视频游戏中都会用到，这些游戏是正规的游戏，也就是说，不是示例或演示程序。精灵或栅格（其技术名称是"3D 对象"）的旋转，都是通过两个重要的数学函数来实现的，即正弦函数和余弦函数。

如果你上过几何课，我确信你应该学习过这两个函数。在早期的视频游戏开发中，正弦函数和余弦函数是一个问题，因为它们占用太多的 CPU 周期来执行一次计算。这在大多数的 PC 机上都会有性能问题，实际上，由此而引发了一种优化。让一个角度转一整圈，从 0 到 359 度，并且针对每个角度执行一次正弦函数和余弦函数，然后将结果存储到一个数组中。一些游戏会在开始时执行每个角度的计算，这会花几秒钟的时间。有些程序员会在此过程进行的时候，显示一个加载界面，或者介绍该游戏，而不是让玩家干等着。

5.2.1　圆理论

让一个角从 0 到 359，所使用的是角度，但是三角函数的固有"语言"是弧度，这是由圆的计算方式决定的。你可能还记得，一个圆的圆周可以通过如下的公式来计算：

```
C = [PI] * 2 * Radius (或是 [PI] * Diameter)
```

其中[PI] = 3.14。Python 的 math 为我们定义的[PI] 带有更多一些的小数位数，这就是 math.pi。任何时候，只要我们在程序中使用 import math 包含了 math 模块，就可以在代码中使用 math.pi。它近似于 3.14159265358979。当然，也可以在自己的程序中使用这个数字，并且会得到类似的结果。图 5.2 展示了圆周的计算过程。

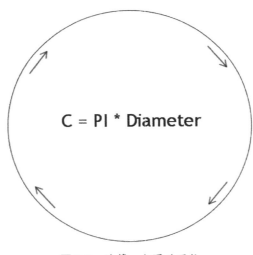

图 5.2　计算一个圆的周长

在某些时候，小数部分的位数对于精度的增加只是微乎其微。现在，如果我们要讨论 NASA 的一架要航行数十亿英里的航天飞船（飞越海王星、冥王星并离开整个太阳系的旅行者号航天飞船），那么你想要的位数很少，因为在讨论百万英里或数十亿英里的时候，小数的精度可以忽略不计。如果你沿着某个方向行进 1 英里（约 1609 米）而只是偏移了 1 度，那会怎样？不是什么大问题，实际上只是偏离了轨道几英寸而已。如果扩展到 10 英里、20 英里、100 英里，会发生什么？这 1 度将会使你和想要的目标偏离很长的距离。现在想象一下，旅行者号航空飞船朝着海王星飞去，而海王星距离太阳有 28 亿英里。有时候，人类的脑海很难理解这样的一个数字，因此，让我们尝试做一些转换：它等于 2800 个百万英里。这个距离等同于横穿美国 100 万次，或者从地球到月球来回旅行 6000 次。是的，就这么远，这就是精度为何如此重要。相反，火星距离地球只有 3000 万英里，并且我们迄今都无法把载人航天器发送到那里。

现实世界

顺便说一句，到达火星的距离问题，还不像太阳辐射问题那样危及外太空中的生命。太空飞船需要带有自己的磁场，以保证乘坐者不会受到辐射。如果你是一位《星际迷航》或类似的剧集的戏迷，那么你会知道这也是"力场"（也叫作场）的最初的目的。

使用该公式，让我们通过半径来计算一个示例的圆的圆周。让我们使用月球的半径 2159 英里（3474 公里）。

```
C = [PI] * Diameter
C = 3.14159265358979 * 2159 miles
C = 6,782.6985 miles
```

我们真的需要知道 1 英里的"0.6985"部分吗？那大概是 1 英里的 70%，或者说 3688 英尺。如果我们只是缩进为 0.69 呢？结果是 3643 英尺，有 45 英尺的误差！当我们处理较大的英里数的时候，这真是不值得考虑的事情，但是，如果我们是为 NASA 的 Appolo 项目工作的科学家，必须要确保飞船在正确的位置着陆呢？现在，想象一下数十亿英里的综合误差！无论如何，这就是在进行火箭科学研究的时候，为什么我们希望能够使用众多的小数位数。Python 将为[PI]使用计算机所能支持的那么多位数（通常是一个双精度数，即支持带有上千个小数位数的一个"双精度浮点数"的 C++数据类型）。

我们已经学习了如何计算圆周，现在我们来看看如何创建一个圆。可以使用正弦函数和余弦函数，以任意的半径大小来模拟一个圆。起始点即角度 0，并不是像我们通常所假设的那样位于顶端。圆的起始点所在的角度，通常我们会误认为它是从顶部向右的 90 度的位置，如图 5.3 所示。所有的圆的计算，都是基于这个角度进行的，它是 0 度的起始点。

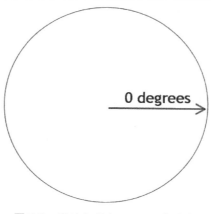

图 5.3　圆的起始点位于 90 度的点

从起始点开始，一个完整的圆在弧度上表示为 2 * [PI]，等于 360 度。我们可以将 2 * [PI] 近似地计算为：

```
2 * 3.14159265358979 = 6.28318530715978
```

这些数字有点让你头疼？不要害怕，只要在你想要的任何位置舍入就行了！6.28 就能够很好地满足我们的用途了。因此，一个完整的圆的弧度是 6.28。我们可以使用它来计算一弧度的角度值：

```
360 / 6.28 = 57.3248
```

同样，也可以计算 1 角度的弧度值：

```
6.28 / 360 = 0.0174
```

可以使用这些数字进行角度和弧度之间的转换，其精度是大多数视频游戏都可以接受的。图 5.4 展示了标记了 4 个主要位置的一个圆。它在视频游戏中也很重要，因为大多数时候，我们在进行旋转或变换的时候，都涉及围绕 360 度（2*[PI] 弧度）的点进行。

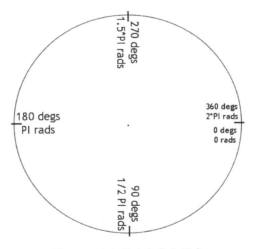

图 5.4　围绕圆的角度和弧度

既然已经知道了如何用最难的方法实现角度和弧度的转换，如果我告诉你这已经构建到 Python 中了，你会恨我吗？可以使用 math.degrees() 和 math.radians() 来进行角度和弧度的转换。

如果你想要查看列出所有数学函数的完整参考，访问网站 http://docs.python. org/py3k/library/math.html。

5.2.2　遍历圆周

你是否对火箭科学的介绍感兴趣？我希望你感兴趣，因为这会变得更好。我们可以使用三角正弦函数和余弦函数来遍历一个圆的圆周。我们需要知道的是角度和半径。这在大多数视频游戏中都有应用。我们将要学习的算法，在 RTS（实时策略）游戏中用来让物体在地图上移动到你想要让它们到达的位置。在任何射击游戏中，该算法用来计算子弹、导弹或激光束的方向。

要计算圆上的一点，我们必须得到坐标的 X 和 Y 值。什么是坐标？这是笛卡尔坐标系中的一点，如图 5.5 所示。X 轴的右边是正值，Y 轴的上方是正值，并且，用坐标表示计算机屏幕，原点(0,0)位于屏幕的左上角。其他的 3 个象限仍然存在。它们只是位于屏幕边界之外。有一点很有趣，我们很容易想当然地认为，如今所使用的所有技术都是某些人经过反复试验才搞清楚的，但是一旦搞清楚了，它会发展得很快。

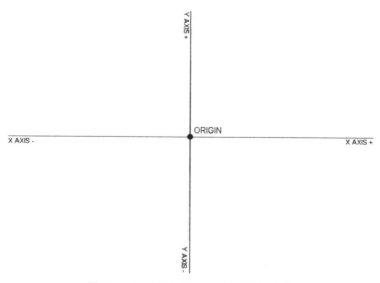

图 5.5　笛卡尔坐标系上的 X 轴和 Y 轴

计算 X

要计算绕着一个圆的圆周的任何点的 X 坐标，使用余弦函数。在 Python 中，函数名是 math.cos()。这些函数都需要以弧度作为其参数，而不是角度。因此，如果我们必须提供弧度，但是你又想要在代码中使用角度，那么，只要临时将角度转换为弧度就可以了。例如：

```
X = math.cos( math.radians(90) )
```

这是一个很小的数值。围绕圆周的任何位置，所有的点都是很小的数字。要快速地看看答案，打开一个 Python shell 并输入如下内容：

```
>>> import math
>>> math.cos(math.radians(90))
6.123233995736766e-17
```

这不是一个很容易阅读的数字，因为它使用了科学计数法。另外，这一定是一个很小的数字。在小数点的后面有 16 个 0，然后我们才会看到这个值。要以容易阅读的格式看看这个数字，我们必须将输出格式化。创建带有格式化代码的一个字符串，并且该字符串变成了一个 string 类，它有一个 format() 函数。将小数变量传递给 string.format() 作为参数。这是体现 Python 功能多样性的一个例子，但刚开始这也会令人混淆。如下是一个例子：

```
>>> '{:.2f}'.format(X)
'0.00'
```

哦，不，什么也没有！这不是一个错误，这只是意味着数字太小太小了，2 位小数根本无法显示它。实际上，这个数字不仅很小，而且它是无限小。视频游戏中通常使用的颗粒值，也不会是这么小的数字。因此，对于实际的用途来说，这个数字就是 0。我们看到的只是余弦计算的很小的结果。让我们扩展到 20 位小数来看看：

```
>>> '{:.20f}'.format(X)
'0.00000000000000006123'
```

这里，我们可以看到舍入到 20 位小数后的数字。让我们扩展更多的位数来看看：

```
>>> '{:.30f}'.format(X)
'0.000000000000000061232339957368'
>>> '{:.40f}'.format(X)
'0.0000000000000000612323399573676603586882'
>>> '{:.50f}'.format(X)
'0.00000000000000006123233995736766035868820147291983'
>>> '{:.60f}'.format(X)
'0.000000000000000061232339957367660358688201472919830231284606'
```

60 位小数的样子变得有点可笑了，但是，这有助于我们看到，Python 以如此之高的精度存储了 X 变量。注意，小数点后面的前 16 位都是 0，那些只是重要的位数。这些数字真的是 0。随着我们围绕着圆周，从 0 到 359 度，我们会看到小的数字，但是，没什么数字如此之小。我们不需要打印出这些数字，我们只需要使用它来计算 90 度的圆周的边界（是正南的方向，记住这个方向）。下一步是将这个值和半径相乘。这是围绕原点的一个微小的圆周，它如此之小，看上去就像是一个单独的点。

 Python 3.2 针对字符串格式化的参考手册，可以在 http://docs.python.org/py3k/library/string.html#formatspec 找到。除了这里介绍的表示小数数字的一个方法，还有很多方法来格式化数字。

计算 Y

我们现在来计算坐标的 Y 部分，以便能够开始遍历圆周。要计算 Y，我们使用正弦函数，在 Python 中，这通过 math.sin(angle) 来实现。让我们打开 Python shell 并输入如下内容：

```
>>> math.sin( math.radians(90) )
1.0
```

看看。我们有了一个常规的数字 1.0。好了，让我们思考一下。圆的 90 度正好在正南方（记住，起点在右边，在圆的正东方向）。当我们想要从任意给定的位置表示正南的一个点的时候，用什么方法来表示它呢？

```
( X = 0.0, Y = 1.0 )
```

将结果值和半径相乘，会导致这个点从圆心（位于圆的中心）移动到圆周之外。因此，综合起来，我们有了一个新的算法可以计算围绕这圆的圆周上的每一个点。

```
X = math.cos( math.radians( angle ) ) * radius
Y = math.sin( math.radians( angle ) ) * radius
```

5.2.3　圆示例

我认为现在有了足够的圆理论知识了。实际上，还有更多的这方面的知识，你相信吗？是的。关于这个主题还有更多的知识，但是，这都是非常有用的信息，因为它们是大多数视频游戏的核心概念。让太空飞船沿着某个方向飞行，让坦克的大炮开火，让台球彼此撞击，所有这些实际上都是通过与圆相关的理论来实现的。

我们再来看一个示例并运行它，以便看看一些代码的实际作用。图 5.6 展示了 Circle 示例程序运行的样子。每次角度达到 360，都会选择一个新的随机颜色，并且再次绘制圆，一次绘制一度。

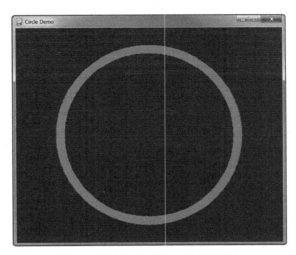

图 5.6 绘制一个圆的"困难方式"

```python
import sys, random, math, pygame
from pygame.locals import *

#main program begins
pygame.init()
screen = pygame.display.set_mode((600,500))
pygame.display.set_caption("Circle Demo")
screen.fill((0,0,100))

pos_x = 300
pos_y = 250
radius = 200
angle = 360

#repeating loop
while True:
    for event in pygame.event.get():
        if event.type == QUIT:
            sys.exit()
    keys = pygame.key.get_pressed()
    if keys[K_ESCAPE]:
        sys.exit()

    #increment angle
    angle += 1
    if angle >= 360:
```

```
        angle = 0
        r = random.randint(0,255)
        g = random.randint(0,255)
        b = random.randint(0,255)
        color = r,g,b

#calculate coordinates
x = math.cos( math.radians(angle) ) * radius
y = math.sin( math.radians(angle) ) * radius

#draw one step around the circle
pos = ( int(pos_x + x), int(pos_y + y) )
pygame.draw.circle(screen, color, pos, 10, 0)

pygame.display.update()
```

5.3 Analog Clock 示例程序

从 Circle 示例程序开始，将其修改为一个模拟的时钟，这真的不需要太多的扩展工作。不同之处在于，我们需要在时针、分针和秒针所在的位置，从圆心向圆周的方向绘制线条，需要根据当天的实际时间来绘制。让我们了解一下如何做到这些。

5.3.1 获取时间

在 Python 中，我们使用 datetime 模块（通过 import 语句）来获取对当天的当前时间的访问。让我们首先从 datetime 导入 date 和 time，从而使得编写代码更容易：

```
from datetime import datetime, date, time
```

现在，为时钟获取当前的日期和时间的一个关键函数，名为 **datetime.today()**。一旦我们获取了当前日期/时间的一个快照，那我们就可以使用返回的属性。

```
today = datetime.today()
```

today 变量不会包含当前的日期和时间。通过 Python 提示符来打印出它：

```
>>> today = datetime.today()
>>> today
datetime.datetime(2011, 6, 28, 16, 13, 29, 6000)
```

每个属性都通过其逻辑名称来访问：year、month、day、hour、minute、second 和 microsecond。我们可以进一步将日期和时间分隔开，如下所示：

```
>>> today.date()
datetime.date(2011, 6, 28)
>>> today.time()
datetime.time(16, 13, 29, 6000)
```

如果只想要时间，可以直接提取时间，尽管有日期值也不会有什么妨碍：

```
>>> T = datetime.today().time()
>>> T
datetime.time(16, 20, 31, 295000)
```

这里，变量 T 包含了属性 T.hour、T.minute、T.second 和 T.microsecond。我们可以使用这些属性来编写时钟程序。

5.3.2　绘制时钟

首先，我们在窗口中居中绘制一个较大的圆，如图 5.7 所示。

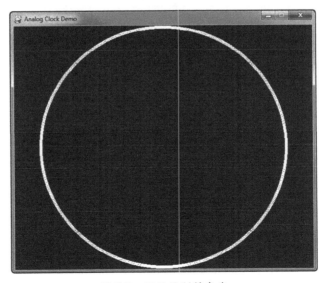

图 5.7　开始绘制钟表盘

```
pygame.draw.circle(screen, white, (pos_x, pos_y), radius, 6)
```

数字

接下来，我们绘制钟表盘周围的数字，从 1 到 12。在表盘上绘制数字位置的时候，我们要执行一次简单的计算，来找到每个数字的位置。一个圆有 360 度，时钟上有 12 个数字，因此，每个数字相隔 360 度/12= 30 度。但是，我们必须考虑到角度 0 指向东边这个事实，而 12 点的时钟位置是在北边（在圆或者表盘中心的北边）。因此，在转换为弧度的时候，我们必须减去 90 度。图 5.8 展示了这个阶段的时钟，源代码如下所示。

 我们的时钟有一个明显的问题：随着时间的流逝，时针和分针不会在表示小时的数字之间部分地移动，它们只是从一个数字跳到下一个数字（这和电子时钟很相似）。通过查看下一个更低级别的指针的位置，并且根据该指针在其圆周中所占的百分比来调整，可以解决这个问题。

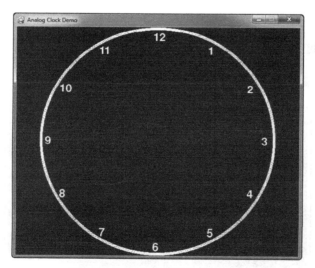

图 5.8　在时钟上绘制编号的位置

```
for n in range(1,13):
    angle = math.radians( n * (360/12) - 90 )
    x = math.cos( angle ) * (radius-20) - 10
    y = math.sin( angle ) * (radius-20) - 10
    print_text(font, pos_x+x, pos_y+y, str(n))
```

接下来，我们要绘制时针、分针和秒针。时针比较大，分针居中，秒针比较小。首先，我们如何旋转指针，以使它们指向正确的数字呢？这很简单！我们已经通过绘制编号的时钟位置而了解了其算法，时针将会使用这种算法。分针和秒针将基于 60 而不是 12，因此，需要不同的计算方法。

小时

我们使用如下代码获取今天的当前钟点：

```
datetime.today().hour
```

唯一的问题是，hour 属性是以 24 小时的格式返回的。让我们使用模除符号（%）将其转换为 12 小时格式，而不再深入 datetime 代码探究如何转换。模除将一个值保持在某个范围之内。因此，如果有一个数字，例如 15，但是，你想要将其限制在 10 以内并且让数字进行舍入，那么：

```
15 % 10 = 5
```

注意，这里没有使用一条 if 语句。如下解决方案，将 24 小时的值保留在 12 小时的时间表示范围内：

```
today = datetime.today()
hours = today.hour % 12
```

在正确的位置绘制时针，需要调用 pygame.draw.line()。线段的第一个点是钟表的中心，第二个点是靠近表盘上与当前的小时数对应的正确数字的位置。图 5.9 展示了指向正确方向的时针。从小时到角度的转换，如下所示。

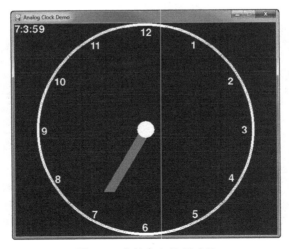

图 5.9　在钟表上绘制时针

```
hours * (360/12) - 90
```

考虑到把圆的起始位置正确地调整到右边。剩下的代码负责仔细调整钟表的位置，以及正确地转换角度。

```
#draw the hours hand
hour_angle = wrap_angle( hours * (360/12) - 90 )
hour_angle = math.radians( hour_angle )
hour_x = math.cos( hour_angle ) * (radius-80)
hour_y = math.sin( hour_angle ) * (radius-80)
target = (pos_x+hour_x,pos_y+hour_y)
pygame.draw.line(screen, pink, (pos_x,pos_y), target, 25)
```

辅助函数是 **wrap_angle()**。它接受角度表示的一个角，并且返回限定在 **360** 度的圆之内的一个角（也是角度表示）。该函数有点复杂，但是它使得代码更为整洁。如果我们使用太多的括号和内部转换，那么会使得代码难以阅读。

```
def wrap_angle(angle):
    return abs(angle % 360)
```

分钟

计算分针的位置和计算时针的位置很相似，但是，我们必须考虑到一小时包含 **60** 分钟，而小时的代码是基于 **12** 的。图 5.10 展示了结果，代码如下所示。

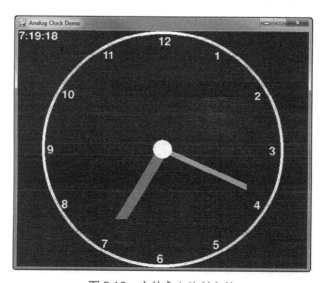

图 5.10　在钟表上绘制分针

```
#draw the minutes hand
min_angle = wrap_angle( minutes * (360/60) - 90 )
min_angle = math.radians( min_angle )
min_x = math.cos( min_angle ) * (radius-60)
min_y = math.sin( min_angle ) * (radius-60)
target = (pos_x+min_x,pos_y+min_y)
pygame.draw.line(screen, orange, (pos_x,pos_y), target, 12)
```

秒

秒是分钟的代码的重复，只不过是从 seconds 变量取值而已。最终结果如图 5.11 所示，
这是完成了的 Clock 示例的样子。

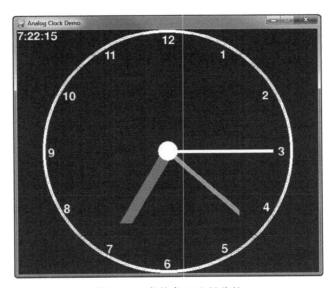

图 5.11　在钟表上绘制秒针

```
#draw the seconds hand
sec_angle = wrap_angle( seconds * (360/60) - 90 )
sec_angle = math.radians( sec_angle )
sec_x = math.cos( sec_angle ) * (radius-40)
sec_y = math.sin( sec_angle ) * (radius-40)
target = (pos_x+sec_x,pos_y+sec_y)
pygame.draw.line(screen, yellow, (pos_x,pos_y), target, 6)
```

完成后的代码

为了完整起见，也为了能够回顾本章中的所有代码，如下给出了 Clock 示例程序的完

整代码。

```python
import sys, random, math, pygame
from pygame.locals import *
from datetime import datetime, date, time

def print_text(font, x, y, text, color=(255,255,255)):
    imgText = font.render(text, True, color)
    screen.blit(imgText, (x,y))

def wrap_angle(angle):
    return angle % 360

#main program begins
pygame.init()
screen = pygame.display.set_mode((600,500))
pygame.display.set_caption("Analog Clock Demo")
font = pygame.font.Font(None, 36)
orange = 220,180,0
white = 255,255,255
yellow = 255,255,0
pink = 255,100,100

pos_x = 300
pos_y = 250
radius = 250
angle = 360

#repeating loop
while True:
    for event in pygame.event.get():
        if event.type == QUIT:
            sys.exit()
    keys = pygame.key.get_pressed()
    if keys[K_ESCAPE]:
        sys.exit()
        screen.fill((0,0,100))

    #draw one step around the circle
    pygame.draw.circle(screen, white, (pos_x, pos_y), radius, 6)

    #draw the clock numbers 1-12
    for n in range(1,13):
        angle = math.radians( n * (360/12) - 90 )
        x = math.cos( angle ) * (radius-20)-10
        y = math.sin( angle ) * (radius-20)-10
        print_text(font, pos_x+x, pos_y+y, str(n))
```

```
#get the time of day
today = datetime.today()
hours = today.hour % 12
minutes = today.minute
seconds = today.second

#draw the hours hand
hour_angle = wrap_angle( hours * (360/12) - 90 )
hour_angle = math.radians( hour_angle )
hour_x = math.cos( hour_angle ) * (radius-80)
hour_y = math.sin( hour_angle ) * (radius-80)
target = (pos_x+hour_x,pos_y+hour_y)
pygame.draw.line(screen, pink, (pos_x,pos_y), target, 25)

#draw the minutes hand
min_angle = wrap_angle( minutes * (360/60) - 90 )
min_angle = math.radians( min_angle )
min_x = math.cos( min_angle ) * (radius-60)
min_y = math.sin( min_angle ) * (radius-60)
target = (pos_x+min_x,pos_y+min_y)
pygame.draw.line(screen, orange, (pos_x,pos_y), target, 12)

#draw the seconds hand
sec_angle = wrap_angle( seconds * (360/60) - 90 )
sec_angle = math.radians( sec_angle )
sec_x = math.cos( sec_angle ) * (radius-40)
sec_y = math.sin( sec_angle ) * (radius-40)
target = (pos_x+sec_x,pos_y+sec_y)
pygame.draw.line(screen, yellow, (pos_x,pos_y), target, 6)

#cover the center
pygame.draw.circle(screen, white, (pos_x,pos_y), 20)

print_text(font, 0, 0, str(hours) + ":" + str(minutes) + ":" + str(seconds))

pygame.display.update()
```

5.4 小结

　　本章介绍了数学和图形。在本章中，我们介绍了很多非常重要的概念，而这些概念在几乎每一款视频游戏中都会用到，从简单的街机式游戏（如 Peggle），到复杂的策略游戏（如命令与征服 4）。在这两种游戏中，在相关的对象的移动、轨迹和旋转中，我们总能找到很多类似的代码。在下一章中，我们进入下一个层级，学习如何加载和绘制位图，然后，我们将使用本章中的代码来实现沿着卫星轨道飞行的一艘宇宙飞船。

挑战

1. Circle 示例程序是典型的视频游戏中的众多问题的解决方案。要更多地体验围绕圆周移动的相关算法，修改该程序，以使得在每个角度绘制不同的形状，而不是绘制一个小的填充的圆。

2. Analog Clock 示例程序现在仅仅是能够工作，而忽略了美观方面的要求。看看你是否能用更好的颜色使它更好看一些，可能要使用不同的背景颜色，而且数字和钟表指针使用不同的大小。

第6章

位图图形：Orbiting Spaceship 示例程序

本章介绍如何使用 **pygame.Surface** 和 **pygame.image** 类来加载和绘制位图。我们已经用过这个类几次，到现为止都想当然地认为它不是必需的。当通过调用 **pygame.display. set_mode()** 创建 Pygame 窗口的时候，返回了一个 Surface 对象，在此前我们一直称该对象为屏幕。现在，我们将学习关于这个难懂的 Surface 类的更多知识，还要了解其具体功能，并且从现在到后续的章节中（实际上，是从现在开始的每一章中）都要如此。必须承认，到目前为止，我们已经使用矢量（基于线条的）图形做了一些有趣的工作，但是现在，是时候开始学习位图了，位图才是好看的游戏所需要的图形。

在本章中，我们将学习：

◎　如何加载位图；

◎　如何绘制位图；

◎　如何让飞船环绕行星轨道飞行；

◎　如何让图像指向正确的方向。

6.1　认识 Orbiting Spaceship 示例程序

Orbiting Spaceship 示例程序展示了如何使用 Python 中的一些数学函数，让一个飞船围绕这一个行星旋转，就像是 NASA 的航天飞机和 ISS（International Space Statio，国际空间站）环绕地球飞行一样。计算本质上并不是真正地考虑加速度和引力，而只是按照半径围绕一个中心点旋转的一个点，但是，最终的结果看上去是相同的，而且可以很好地用于游戏，如图 6.1 所示。

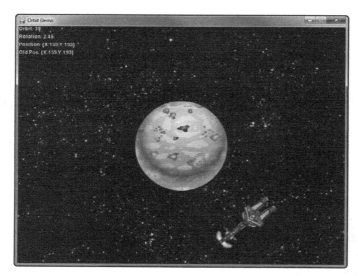

图 6.1　Orbiting Spaceship 示例程序

6.2　使用位图

在 Pygame 中，一个位图叫作 Surface。到现在为止，我们一直使用的"屏幕"对象其本身就是一个 Surface 对象（由 **pygame.display.set_mode()**函数返回），极少有例外。我们将从 Orbiting Spaceship 示例程序开始，并随着示例的进行而逐步添加位图编程，而不是通过几个例子来介绍位图编程。

6.2.1　加载位图

首先，我们从本章示例程序的背景图开始，了解一下如何加载位图。Pygame 可以通过 **pygame.image.load()**函数处理以下几种位图文件类型。

◎　JPG

◎　PNG

◎　GIF

◎　BMP

◎ PCX

◎ TGA

◎ TIF

◎ LBM、PBM、PGM、PPM、XPM

Orbiting Spaceship 示例程序必须有一个太空的背景图，但是，我想只要有一个黑色的背景就管用。或者，在整个背景上绘制随机的点怎么样？你可以使用 pygame.gfxdraw.pixel() 来做到这点。pygame.gfxdraw 模块是基于 SDL 绘图函数的，后者提供了比 pygame.draw 更多一些的形状。现在，让我们只是加载一个位图：

```
space = pygame.image.load("space.png").convert()
```

最后的 convert() 函数将位图转换为程序窗口的本地颜色深度，以此作为一种优化。没有意外的话，这是必需的做法。如果你没有在加载图像的时候进行转换，那么，每次绘制它的时候都要转换。

该函数还有另一种形式 convert_alpha()，在加载必须使用透明方式绘制的前景对象的时候，将要使用这种形式。TGA 或 PNG 文件的 alpha 通道为透明的，但是有些格式并不支持它（例如，较早的 BMP 格式）。如果你每次只是想要使用 convert_alpha()，即便对于没有透明度的图像也是如此，那么，这么做没什么坏处，并且会较为一致。

确保在加载带有 alpha 通道的位图的时候使用 Surface.convert_alpha()，以告诉 Pygame 你想要在图像中保持透明度。

6.2.2 绘制背景

使用 Surface 对象（通常称之为屏幕）来绘制位图，但是，这可能是内存中的另一个 Surface，就像后台缓存一样。我们还没有介绍双缓存绘制，但是重要的是，我们现在只是初次学习绘制位图。要绘制，就使用 Surface 对象。Surface 类有一个名为 blit() 的函数用来绘制位图。该函数的名称是 "bit block transfer" 的缩写，这是把一块内存从一个位置复制到另一个位置（在这个例子中，是从系统内存到视频内存）的一种绘制方法。要绘制飞船位图，从左上角开始：

```
screen.blit(space, (0,0))
```

这是假设屏幕（例如，窗口）已经初始化为一个足够容纳位图的大小。我使用的大小是 800,600。如下是目前为止我们的示例程序的样子（如图 6.2 所示）。

图 6.2　绘制背景位图

```
import sys, random, math, pygame
from pygame.locals import *

#main program begins
pygame.init()
screen = pygame.display.set_mode((800,600))
pygame.display.set_caption("Orbit Demo")

#load bitmaps
space = pygame.image.load("space.png").convert()

#repeating loop
while True:
    for event in pygame.event.get():
        if event.type == QUIT:
            sys.exit()
    keys = pygame.key.get_pressed()
    if keys[K_ESCAPE]:
        sys.exit()
    #draw background
    screen.blit(space, (0,0))

    pygame.display.update()
```

Pygame 的在线参考手册详细介绍了 Surface 类，在 http://pygame.org/docs/ref/ surface.html#pygame.Surface 可以找到它。我建议你在学习位图编程的时候，要浏览这个网址，因为你会发现这里的一些功能很有趣，但是本章却并未介绍。

6.2.3 绘制行星

现在，我们要加载和绘制行星图像。注意，这个示例的素材文件可以在用于本章及每一章的资源文件中找到，目前来说重要的一点是，我们所依赖的那些素材文件必须加载到示例中才能正确地工作。首先，在 while 循环之前，我们加载行星：

```
planet = pygame.image.load("planet2.png").convert_alpha()
```

现在，要在这个示例中绘制行星，我们想要让其位于游戏窗口的中央。由于图像的大小是可以修改的（可以通过编辑位图文件来修改），我们想要获取图像的大小，以便通过代码让其居中放置。这比"直接编写代码"来确定位图的大小要更好。首先，使用 Surface.get_size() 获取位图的宽度和高度。可选的方法是，也可以分别使用 Surface.get_width() 和 Surface.get_height() 来获取宽度和高度。

```
width,height = planet.get_size()
screen.blit(planet, (400-width/2,300-height/2))
```

在这里的代码中，我们对屏幕的中心直接编码了，但对位图没有这么做。屏幕的大小可能会更改，但这很可能是在开始制作游戏之前已经确定的事情了。但是，获取屏幕的中心是很容易的事情，因为它也是一个 Surface 对象。图 6.3 显示了行星。

图 6.3　在背景上，透明地绘制行星位图

6.2.4 绘制航空飞船

本章中包含了两个宇宙飞船的位图，我们可以将其用于科幻主题的游戏。这两艘飞船

真的很好看，是由美术师 Ronald Conley 为 Starflight—The Lost Colony 游戏而设计的。这些图片是有版权的，但是可以用于非商业用途。如果你想要在自己的游戏中使用来自 Starflight（或任何其他来源）的图片，请注明设计师的名字和来源 Web 站点，以避免法律问题。当然，这种做法对于商业游戏来说是完全非法的。让我们来加载飞船的位图：

```
ship = pygame.image.load("freelance.png").convert_alpha()
```

下面的代码绘制位图，输出如图 6.4 所示。哦，飞船的图像真大啊！

```
screen.blit(ship, (50,50))
```

图 6.4　绘制飞船的位图

我们可以使用 Microsoft Paint、Paint.net、Gimp 或其他类似的工具来编辑位图。但是，让我们看一下是否可以使用代码来缩小飞船图像。为了做到这点，我们必须进行某种作弊。Surface 没有办法来修改一个图像的比例，因此，我们必须通过其他的方法来缩小飞船。这是一个名为 pygame.sprite.Sprite 的类，它善于绘制和操作用于游戏的图像，但是，目前这个阶段还不是很成熟。

深入研究 Pygame 文档，会发现还有一个叫作 pygame.transform 的模块可以满足我们的需求。这个模块有一系列有用的函数，可以以富有创意的方式来操作图像，例如缩放、翻转以及其他的操作。首先，我们来看一下 pygame.transform.scale()，这是一个快速的缩放函数，它可以产生一个快速缩放的图像，但是像素看上去依然很密集。让我们尝试一下它。在图像加载之后，立即就添加这个函数。如果你在一个 while 循环中调用这个函数，它将会保持重复地缩放相同的图像，直到图像变得太小而无法看到或者太大而超出屏幕。

```
ship = pygame.image.load("freelance.png").convert_alpha()
width,height = ship.get_size()
ship = pygame.transform.scale(ship, (width//2, height//2))
```

还记得两个除号在 Python 中表示什么吗？它还是表示除法，但是，它执行取整除法，而不是浮点数除法。这段代码的结果如图 6.5 所示。它能工作。但是，要承认，图像并不是很好。

图 6.5　按照 50% 的比例绘制太空飞船位图

让我们尝试一个更好的缩放函数。有一个名为 pygame.transform.smoothscale() 的变体。该函数花更多的时间来修改图像的大小，因为它重复对像素取样，并且采用两种算法之一对其进行平滑。要像我们想要的那样缩小一幅图像，对像素进行平均。要放大图像，使用双线性过滤器（一种块级抗锯齿技术）。如图 6.6 所示。在印刷的页面上，区别应该会更加明显，但是，如果你真的想要搞清楚平滑的版本如何改进了图像的外观，你需要打开源代码并运行程序，修改函数调用来看看不同之处。

```
ship = pygame.transform.smoothscale(ship, (width//2,height//2))
```

图 6.6　使用一种更好的技术来缩放太空飞船位图

6.3　环绕行星轨道

现在，我们已经学习了如何进行基本的位图绘制，因此，我们可以使用这一新的技术来编写示例程序了。正如我们在第 5 章中提到的，使用三角正弦函数和余弦函数来绘制圆和计算轨道。还有我们没有使用过的第三个函数，它以类似的方式起作用（正切函数）：让物体指向某个方向。因此，我们想要做的事情是：使用正弦和余弦让飞船绕行星轨道飞行，并且使其在绕着行星飞行的同时旋转自身，以保持其正面总是指向其移动的方向。

绕轨道移动

让我们先实现让飞船绕行星轨道移动。绕着转动但不改变方向，这看上去有些好笑，尽管这是飞船绕行星轨道飞行的实际情况。让飞船的正面总是指向它在轨道中移动的方向，这似乎完全没有必要，并且也不现实。但是，对于视频游戏来说，玩家通常有某种期待，而让飞船指向其行进的方向，这是他们的期待之一。在某些科幻电影中，你可能会注意到他们总是在做的事情之一，就是让火箭引擎保持喷火状态。实际上也并不这样的。飞船是沿着弹道飞行的。弹道式（ballistically）这个词语与开枪和发炮有关。从字面上讲，飞船发射了，然后沿着其路径飞行，就像是一个子弹和炮弹一样。但是，这看上去并不酷。如果你想要了解实际情况，看下《2001: A Space Odyssey》这部电影。Stanley Kubric 是对的。好吧，他在拍摄这部电影的时候，接受了伟大的 Sir Arthur C. Clark 的建议。

根据我们在上一章中学习过的数学代码，我们可以让飞船以某个半径绕着屏幕上的任意一点飞行。我们将该点设置在屏幕的中央，并且让飞船以 250 为半径绕着它形成一个圆（注意窗口的尺寸是 800,600）。现在，还有必须记住的一些事情，否则我们会遇到问题：这个位置位于图像的左上角，而不是中心。因此，当飞船绕着行星飞行的时候，我们必须考虑到飞船的大小，并且调整该位置，以便能够从飞船图像的中心而不是左上角移动。

这里有第 1 章所介绍的 Point 类的一个变体，它做了一些改进：X 和 Y 属性以及一个覆盖的__str__()方法，以便可以按照预先编码的格式打印出类数据。不熟悉 Python 属性？好吧，这是了解它们如何工作的好机会。创建一对"get"和"set"方法，它们返回或设置一个私有的类变量。然后，使用想要的属性名称（如 x 或 y），并且使用 property()函数给"get"和"set"方法分配相关的类变量。属性的好处是，只使用一个全局变量就能够控制其边界，且保持代码整洁。

```python
class Point(object):
    def __init__(self, x, y):
        self.__x = x
        self.__y = y

    #X property
    def getx(self):
        return self.__x
    def setx(self, x):
        self.__x = x
    x = property(getx, setx)

    #Y property
    def gety(self):
        return self.__y
    def sety(self, y):
        self.__y = y
    y = property(gety, sety)

    def __str__(self):
        return "{X:" + "{:.0f}".format(self.__x) + \
            ",Y:" + "{:.0f}".format(self.__y) + "}"
```

要让 Point 类工作，我们的程序需要两个实例：

```
pos = Point(0,0)
old_pos = Point(0,0)
```

接下来，展示了如何在"轨道"上移动飞船：

```
angle = wrap_angle(angle - 0.1)
pos.x = math.sin( math.radians(angle) ) * radius
pos.y = math.cos( math.radians(angle) ) * radius
```

这里的代码绘制了飞船，要考虑到图像的大小：

```
width,height = ship.get_size()
screen.blit(ship, (400+pos.x-width//2,300+pos.y-height//2))
```

让飞船沿轨道飞行的示例程序，其当前版本如图 6.7 所示。

图 6.7 飞船现在绕着行星飞行

旋转

到目前为止，还不错。飞船现在需要旋转，以便指向它绕着行星移动的方向。这需要一些技术。有一个鲜为人知的数学函数，具备这种魔术功能。它名为 math.atan2()，是用两个参数计算反正切的函数。我们给这个函数传递两个参数：delta_y 和 delta_x。这些 delta 值表示屏幕上的两个坐标的 X 和 Y 属性之间的不同。几乎像是魔术一样，math.atan2() 返回的是目标的角度。此后，我们所做的只是将图像旋转到那个角度，它看上去就像是指向自己移动的方向。

现在到了需要技巧的部分了。随着示例程序的运行，我们如何知道飞船图像应该出现在下一帧的什么位置？通过预测！我们可以编写代码来预测飞船未来将要位于何处。这是有一个神奇的算法：记录飞船最近的位置，然后使用当前位置和最近的位置调用 math.atan2()，然后给 math.atan2() 所返回的最终角度添加 180 度。你看明白这是如何工作的了吗？我们获取了飞船片刻之前的位置的角度，把飞船旋转到那个角度，然后再翻转 180 度，完全与那个角度相反，很快，这就是飞船所朝向的方向。在针对游戏开发的各项事务中，要使用到可怕的函数，这又是这样一种情况。

我们让 math.atan2() 开始工作。我们需要一个：

```
delta_x = ( pos.x - old_pos.x )
delta_y = ( pos.y - old_pos.y )
rangle = math.atan2(delta_y, delta_x)
rangled = wrap_angle( -math.degrees(rangle) )
```

我已经使用了 rangle 变量来表示 math.atan2() 计算的弧度角度，并且用 rangled 变量表示转换并折返后的角度。一旦角度可用了，我们可以将飞船图像旋转到想要的角度。这再次需要用到 pygame.transform 模块。你看到了吧，这真是一个有用的模块。我们需要的函数是 pygame.transform.rotate()，使用源图像和想要的旋转角度作为参数，并且返回一个新的图像。使用了一个 scratch 的变量存储新的图像。

```
scratch_ship = pygame.transform.rotate(ship, rangled)
```

现在，我们可以绘制飞船了。但是，我们不能使用最初的未经修改的飞船图像；我们必须使用新的名为 scratch_ship 图像计算位置和绘图。注意，在下面的代码中，使用 scratch_ship 图像来获取宽度和高度。在这个例子中，Surface.get_size() 计算了旋转的图像的宽度和高度。

```
width,height = scratch_ship.get_size()
x = 400+pos.x-width//2
y = 300+pos.y-height//2
screen.blit(scratch_ship, (x,y))
```

此后，我们需要做的就是"记住"飞船的位置，以便在下一次的 while 循环中使用（按照游戏的术语，也叫作"下一帧"）。

```
old_pos.x = pos.x
old_pos.y = pos.y
```

图 6.8 显示了完成后的程序。下面列出了完整代码供参考（缺少 **Point** 类，该类的代码已经完整给出过）。

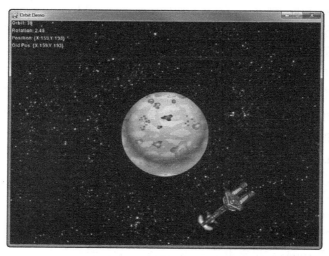

图 6.8　太空飞船环绕行星的轨道旋转

```
import sys, random, math, pygame
from pygame.locals import *

#Point class definition goes here . . .

#print_text function
def print_text(font, x, y, text, color=(255,255,255)):
    imgText = font.render(text, True, color)
    screen.blit(imgText, (x,y))

#wrap_angle function
def wrap_angle(angle):
    return angle % 360

#main program begins
pygame.init()
screen = pygame.display.set_mode((800,600))
pygame.display.set_caption("Orbit Demo")
font = pygame.font.Font(None, 18)
#load bitmaps
space = pygame.image.load("space.png").convert_alpha()
planet = pygame.image.load("planet2.png").convert_alpha()
ship = pygame.image.load("freelance.png").convert_alpha()
width,height = ship.get_size()
```

```
ship = pygame.transform.smoothscale(ship, (width//2, height//2))

radius = 250
angle = 0.0
pos = Point(0,0)
old_pos = Point(0,0)

#repeating loop
while True:
    for event in pygame.event.get():
        if event.type == QUIT:
            sys.exit()
    keys = pygame.key.get_pressed()
    if keys[K_ESCAPE]:
        sys.exit()

    #draw background
    screen.blit(space, (0,0))

    #draw planet
    width,height = planet.get_size()
    screen.blit(planet, (400-width/2,300-height/2))

    #move the ship
    angle = wrap_angle(angle - 0.1)
    pos.x = math.sin( math.radians(angle) ) * radius
    pos.y = math.cos( math.radians(angle) ) * radius
    #rotate the ship
    delta_x = ( pos.x - old_pos.x )
    delta_y = ( pos.y - old_pos.y )
    rangle = math.atan2(delta_y, delta_x)
    rangled = wrap_angle( -math.degrees(rangle) )
    scratch_ship = pygame.transform.rotate(ship, rangled)

    #draw the ship
    width,height = scratch_ship.get_size()
    x = 400+pos.x-width//2
    y = 300+pos.y-height//2
    screen.blit(scratch_ship, (x,y))

    print_text(font, 0, 0, "Orbit: " + "{:.0f}".format(angle))
    print_text(font, 0, 20, "Rotation: " + "{:.2f}".format(rangle))
    print_text(font, 0, 40, "Position: " + str(pos))
    print_text(font, 0, 60, "Old Pos: " + str(old_pos))

    pygame.display.update()

    #remember position
```

```
old_pos.x = pos.x
old_pos.y = pos.y
```

6.4 小结

对于更多的火箭科学知识以及 Pygame 中添加位图的功能，本章只是一次有趣的尝试。只是没有对矢量图形和位图图像进行比较。正如本章的 Orbiting Spaceship 示例程序所展示的，我们用位图以及一些有趣的数学函数做了很多事情，并且我们还没有接触到精灵编程。下一章将会涉及这些内容。

挑战

1. 使用本章提供的其他太空飞船位图，替换绕轨道飞行的示例中当前的太空飞船图像。

2. 修改程序，以便按下 "+" 和 "-" 键将会导致飞船绕着行星飞行得更快或者更慢。

3. 使用计算圆周的公式，根据飞行轨道的半径，计算飞船在一次完整的绕轨道飞行中穿越的距离，并且将结果显示在屏幕上。

第**7**章
用精灵实现动画：Escape the Dragon 游戏

上一章很好地介绍了位图编程的基础知识。我们了解到 Pygame 有很多很好的功能可以操作位图。但是，除了 **pygame.transform** 模块的功能（包括缩放和旋转位图），并没有对位图实现动画的实用方法。这就是 **pygame.sprite** 模块的用武之地，我们将在本章中学习这一主题。

在本章中，我们将学习：

◎　使用特殊的计算，手动实现精灵动画；

◎　使用 pygame.sprite 模块中的功能；

◎　制作 Escape the Dragon 游戏。

7.1　认识 Escape the Dragon 游戏

本章中的示例游戏将帮助我们学习使用 Python 和 Pygame 实现精灵编程。游戏的假设前提非常简单，一条恶龙在追逐你这个人物角色，因此，你必须闪过朝你射来的火箭，以便让它们射中恶龙，阻止它追逐你。游戏的概念来自于 Facebook 中的一款名为 Ninja Wars 的小游戏。如图 7.1 所示。

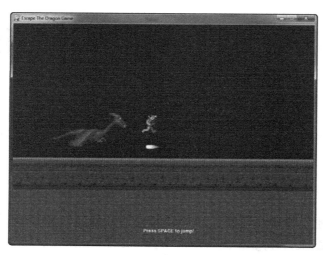

图 7.1　Escape the Dragon 游戏使用动画的精灵

7.2　使用 Pygame 精灵

pygame.sprite 模块包含了一个名为 Sprite 的类，我们将使用它作为游戏精灵的起点。我说起点，是因为 pygame.sprite.Sprite 并不是一个完整的解决方案，它只是一个有限的类，知道如何操作组以更新和绘制自己。即便这点功能算是一点拓展，前提也是我们必须编写代码来做这些事情。从最客观的视角来看，Pygame 精灵包含了一幅图像（image）和一个位置（rect）。我们必须使用自己的类来扩展它，从而提供一个功能完备的游戏精灵类中我们想要的功能。

7.2.1　定制动画

使用 Pygame 的动画需要一些技巧，仅仅是因为我们必须知道 pygame.sprite.Sprite 是如何工作的，才能够编写自己的动画代码。

前面提到了，Pygame 精灵以其 image 和 rect 属性为基础，因此，关键技巧是围绕这两个属性编写动画代码。做到了这些，那么，精灵组将会自动更新动画帧图像，并且绘制具体的帧（而不是整个精灵序列图）。让我们先来看看精灵序列图，以了解这是如何工作的。图 7.2 给出了这样一个图像。

 动画的恶龙精灵是由 Ari Feldman 绘制的。你可以从他的 Web 站点下载免费游戏精灵图集，该图集名为 SpriteLib。

图 7.2　恶龙精灵图像有 6 个动画帧，感谢 Ari 的支持，这简化了我的写书工作

精灵序列图包含了"贴图"或"帧"组成的行和列，其中的每一个都是动画序列的一帧。图 7.3 展示了精灵序列图中突出显示的一帧，其中带有行和列的标签，以便于引用。注意，标签都是从 0 开始的。这一点很重要，因为帧编号都是从 0 开始计算的，而不是从 1 开始。

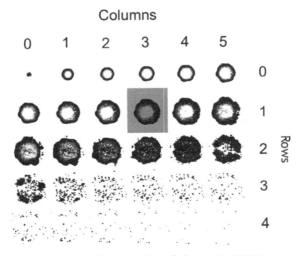

图 7.3　精灵序列图像中带有行和列的说明

这里展示的精灵序列图像将会作为动画的主图像来加载和保留。当在游戏中移动或绘制精灵的时候，精灵组将会自动调用 update()方法，就像调用 draw()方法一样。我们可以编写自己的 update()方法，但是 draw()方法不会被替代，它向上传递到了父 pygame.sprite.Sprite.draw()方法。我们所必须做的事情是，确保 pygame.sprite.Sprite 的 image 属性包含了动画的当前帧的图像，而不是整个精灵序列图。由于其工作方式，精灵序列图将会作为一个独立的类变量加载，而不是直接加载到 Sprite.image 中。

7.2.2　加载精灵序列图

当加载主图像的时候，我们必须告诉精灵类一帧有多大，也就说，当创建一个新的精灵的时候，单个一帧的宽度和高度作为参数传递。通常该方法最明显的名称是 load()，并且通常它使用一个文件名作为参数。除了帧的宽度和高度，我们还必须告诉精灵类，在精灵序列图中有多少列。再看一下图 7.3 中的说明。注意，高亮显示的帧位于第 3 列的下面。我们只需要知道这个列的编号就够了，因为在计算单个帧的绘制的时候，行编号是无关紧要的。

让我们尝试编写一个函数，它可以完成加载图像并设置精灵的属性的任务。这个函数的定义如下，它需要一个文件名、宽度、高度和列作为参数。这是实现精灵动画的最基本要求了。在介绍了这些概念背后的理论之后，我们再来解读完整的类代码，所以，先不要担心，只要录入这些代码就好了。

```
def load(self, filename, width, height, columns):
    self.master_image = pygame.image.load(filename).convert_alpha()
    self.frame_width = width
    self.frame_height = height
    self.rect = 0,0,width,height
    self.columns = columns
```

7.2.3　更改帧

通常，每次动画处理一个帧，从第一帧直到最后一帧。更高级的一种动画系统，将会允许一个精灵向前、向后并且在任何指定的动画集范围之内实现动画。我们将只是从第一帧到最后一帧动画，然后再次折返到第一帧，以使得情况保持简单。代码真的很容易编写：

```
self.frame += 1
if self.frame > self.last_frame:
    self.frame = self.first_frame
```

技巧倒不是更改帧的编号，而是让其按照一定时间间隔发生。是的，我们必须使用定时代码。要让你的思路转过弯来，这是有一点挑战的。至少对我来说是这样。但是，一旦你了解了获取当前时间值的基本的 Python 代码，那么剩下的过程就真的很容易搞定了。

首先，我们需要使用 pygame.time.Clock() 创建一个对象变量。我已经给这个变量命名为 framerate：

```
framerate = pygame.time.Clock()
```

当调用 Clock() 方法的时候，它启动一个内部的定时器，它从该位置向前，我们可以使用它来随着时间的增加而更新该值，甚至可以选择将游戏设置为按照固定的帧速率运行。在游戏的主 while 循环中，调用：

```
framerate.tick(30)
```

参数 30 可以设置为任何想要的帧速率。保持游戏按照这个速度运行，真的是不错了，但是对于某些游戏来说，30 可能太慢了，40 或 60 更好（这也是最为常用的帧速率）。

这是第一步，只是让游戏逻辑按照一个稳定的帧速率运行。接下来，我们需要一个定时变量，它并不是以帧速率的速度运行，而是以毫秒级的速度运行。pygame.time 模块有一个名为 get_ticks() 的方法，它可以满足我们为精灵动画定时的需要。

```
ticks = pygame.time.get_ticks()
```

可以把 Ticks 变量传递给 sprite 类的 update() 方法，以便我们可以按照想要的帧速率，给精灵一个独立的动画定时。在如下的代码中，注意，除非定时是正确的，否则动画帧不会变化。

```
def update(self, current_time, rate=0):
    if current_time > self.last_time + rate:
        self.frame += 1
        if self.frame > self.last_frame:
            self.frame = self.first_frame
        self.last_time = current_time
```

除了这里给出的动画帧更新代码，我们还可以将当前的帧图像复制到 Sprite.image 中（在这里是 self.image），这是下一小节将要介绍的主题。

7.2.4　绘制一帧

既然知道了 Sprite.draw() 是由精灵组自动调用的，我们将不会编写自己的绘制代码，而只是设置该属性让绘制按照我们想要的方式进行。这通过定制的精灵类中的 update() 方法完成。Sprite.draw()期待 Sprite.image 和 Sprite.rect 设置为有效值,否则的话会发生错误(一个常见的错误是, 当 rect 未定义的时候, 会是一个无效的位置)。

　　要根据精灵序列图绘制一个单个的帧,我们必须计算帧的左上角的 X 和 Y 位置,然后,根据帧的宽度和高度来复制帧图像。X 位置表示列编号。Y 位置表示行编号。我们用帧数目除以行数目, 从而计算 Y 也就是行, 然后, 将该值与帧的高度相乘:

```
Y = (frame / columns) * height
```

　　要计算 X 或列值,我们再次用帧数目除以列数目,不过这次我们只是关心余数,而不是商 (在数学的术语中,商才是除法问题的结果)。我们使用模除而不是除法,从而得到余数,然后,将这个值和帧的宽度相乘:

```
X = (frame % columns) * width
```

　　可以使用 Python 编写这些公式,以更新用于绘制单个帧的 Sprite.image。要从精灵序列图中获取帧图像,可以使用 Surface.blit(),但是这里有一种相当容易的方法。使用 X 和 Y 位置值,以及帧的宽度和高度,我们可以只是创建一个 Rect 并且将其传递给一个不同的但更有趣的方法,该方法名为 subsurface()。这实际上根本不会复制或传送图像,它只是设置一个指针指向已有的主图像。因此,实际上,我们打算对帧图像做一些轻快的更新,因为根本没有像素需要复制。

```
frame_x = (self.frame % self.columns) * self.frame_width
frame_y = (self.frame // self.columns) * self.frame_height
rect = ( frame_x, frame_y, self.frame_width, self.frame_height )
self.image = self.master_image.subsurface(rect)
```

 对于可怕的编码技术要特别小心, 例如使用 Surface.subsurface()而不是把每一帧的副本绘制到一个数组或集合中。通过这种方式, 代码大大简化了, 并且不会有性能冲突。

7.2.5　精灵组

　　Pygame 使用精灵组来管理精灵的更新和绘制,作为处理通常在典型游戏中出现的大量实体的一种手段。这是一种好的想法,它免去了我们手动完成的麻烦。可是,奇怪的是,Pygame 的创始人考虑到包含了一个迭代的精灵实体管理器,却没有包含对动画的基本支持。不管怎样,我们将使用其所提供的功能并且根据需要添加自己的代码。

　　精灵组是一个简单的实体容器,它将使用所支持的任何参数来调用一个精灵类的update()方法,然后,绘制容器中所包含的所有精灵。使用 pygame.sprite.Group()创建精灵组，如下所示：

```
group = pygame.sprite.Group()
group.add(sprite)
```

其中，**sprite** 参数是已经创建的一个精灵对象。在创建了一个组之后，可以向组容器中添加任意多个精灵以便更容易地管理它们，并且这也减少了对全局变量的使用。当我们准备好在游戏中绘制和更新精灵之后，我们完全使用组而不是单个的精灵来做这些事情：

```
group.update(ticks)
group.draw(screen)
```

这里的真正强大之处，并不在于在一个组中包含所有的游戏精灵并用组来管理它们，而是针对游戏中的每种精灵创建多个组。这允许定制精灵行为，并将其应用于精灵自己的组容器对象所管理的特定精灵类型。使用组的另一个显著的优点是，当添加或删除游戏对象的时候，不需要修改更新和绘制代码，调用的是相同的 **update()** 和 **draw()** 方法，并且组会更新其所有相关的精灵对象。

注意，不要随意使用基本元组来覆盖基 Sprite.rect 属性。这是一个很容易犯的错误。总是将 Sprite.rect 设置为诸如 Rect(0,0,100,100)的一个新的 Rect()，而不要只是设置为诸如(0,0,100,100)的一个未定义的元组。Python 允许你这么做，并且当期望 Sprite.rectto 是一个 Rect 但实际上被一个元组替代的时候，它可能会创建非常奇怪的错误消息。这会令人混淆，因为一些和矩形相关的代码对于元组化的版本来说也是有效的。

7.2.6 MySprite 类

我们可以把所有这些代码放入一个可复用的类中，没有太好的名字的话，可以先把这个类称为 MySprite。这个类直接继承（即扩展了）pygame.sprite.Sprite，并且直接与pygame.sprite.Group 工作，以使得更新和绘制自动化。在这个名为 MySprite 的扩展精灵类中，确实有几个属性是基本精灵类中所没有的，如处理动画的属性、主图像等。但是，新的 MySprite 类并没有太过复杂，并不是充满了复杂的方法或属性，因此，把这个类只是当作你自己未来的精灵编程工作的一个起点。这里特意进行简化，给出了操作动画的精灵的一个框架类。MySprite 类中还有 3 个属性：X、Y 和 position。它们用来设置精灵的位置。没有这些属性的话，当想要修改 X 或 Y 值的时候，我们必须修改 rect，这会很痛苦。

```python
class MySprite(pygame.sprite.Sprite):
    def __init__(self, target):
        pygame.sprite.Sprite.__init__(self) #extend the base Sprite class
        self.master_image = None
        self.frame = 0
        self.old_frame = -1
        self.frame_width = 1
        self.frame_height = 1
        self.first_frame = 0
        self.last_frame = 0
        self.columns = 1
        self.last_time = 0

#X property
def _getx(self): return self.rect.x
def _setx(self,value): self.rect.x = value
X = property(_getx,_setx)

#Y property
def _gety(self): return self.rect.y
def _sety(self,value): self.rect.y = value
Y = property(_gety,_sety)

#position property
def _getpos(self): return self.rect.topleft
def _setpos(self,pos): self.rect.topleft = pos
position = property(_getpos,_setpos)

def load(self, filename, width, height, columns):
    self.master_image = pygame.image.load(filename).convert_alpha()
    self.frame_width = width
    self.frame_height = height
    self.rect = Rect(0,0,width,height)
    self.columns = columns
    #try to auto-calculate total frames
    rect = self.master_image.get_rect()
    self.last_frame = (rect.width // width) * (rect.height // height) - 1

def update(self, current_time, rate=30):
    #update animation frame number
    if current_time > self.last_time + rate:
        self.frame += 1
```

```
        if self.frame > self.last_frame:
            self.frame = self.first_frame
        self.last_time = current_time
    #build current frame only if it changed
    if self.frame != self.old_frame:
        frame_x = (self.frame % self.columns) * self.frame_width
        frame_y = (self.frame // self.columns) * self.frame_height
        rect = Rect(frame_x, frame_y, self.frame_width, self.frame_height)
        self.image = self.master_image.subsurface(rect)
        self.old_frame = self.frame

def __str__(self):
    return str(self.frame) + "," + str(self.first_frame) + \
           "," + str(self.last_frame) + "," + str(self.frame_width) + \
           "," + str(self.frame_height) + "," + str(self.columns) + \
           "," + str(self.rect)
```

7.2.7 测试精灵动画

图 7.4 展示了精灵动画示例程序的输出，后面列出了该示例的代码。MySprit 类上面已经列出了，这里没有重复，只是要确保在尝试运行程序之前，将其包含到程序的源代码中。

```
import pygame
from pygame.locals import *

# remember to include MySprite here

#print_text function
def print_text(font, x, y, text, color=(255,255,255)):
    imgText = font.render(text, True, color)
    screen.blit(imgText, (x,y))

#initialize pygame
pygame.init()
screen = pygame.display.set_mode((800,600),0,32)
pygame.display.set_caption("Sprite Animation Demo")
font = pygame.font.Font(None, 18)
framerate = pygame.time.Clock()

#create the dragon sprite
dragon = MySprite(screen)
dragon.load("dragon.png", 260, 150, 3)
```

```
group = pygame.sprite.Group()
group.add(dragon)

#main loop
while True:
    framerate.tick(30)
    ticks = pygame.time.get_ticks()

    for event in pygame.event.get():
        if event.type == pygame.QUIT: sys.exit()
    key = pygame.key.get_pressed()
    if key[pygame.K_ESCAPE]: sys.exit()

    screen.fill((0,0,100))
    group.update(ticks)
    group.draw(screen)
    print_text(font, 0, 0, "Sprite: " + str(dragon))
    pygame.display.update()
```

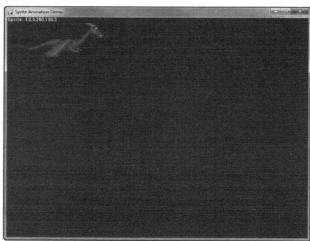

图 7.4　精灵动画示例程序

7.3　Escape the Dragon 游戏

现在，我们将使用 MySprite 类和刚刚学习的新的精灵类代码，来创建一个简单的游戏，以展示如何使用这个新的类。图 7.5 展示了完成该游戏的两种方法之一，并且看上去野人角色情况不妙。

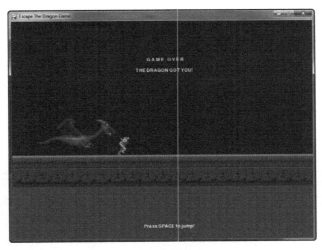

图 7.5　野人没有逃脱恶龙爪

7.3.1　跳跃

游戏逻辑很简单，跳过火箭以使它们射向恶龙，并且想办法逃跑。空格键用来跳过火箭。这种工作方式在理论上很简单，但是一开始要理解起来却有一点挑战。把一个 Y 速度值设置为-8.0 这样的负值。当玩家处于"跳跃模式"（暂且这么描述吧）的时候，速度值会在每一帧中增加一小点。在这个游戏中，我们想要让玩家的野人精灵快速跳起也快速落下，从而增加游戏的挑战性。因此，对这个值的修改是 0.5（在每一帧中，将这个值加到速度上）。可以再次回到图 7.1，看看玩家跳过火箭。最终的结果如下所示：

```
-8.0 + 0.5 = -7.5
-7.5 + 0.5 = -7.0
-7.0 + 0.5 = -6.5
-6.5 + 0.5 = -6.0
-6.0 + 0.5 = -5.5
```

以此类推，直到我们得到：

```
-0.5 + 0.5 = 0.0
```

此时，精灵会跳跃到最高处并且开始回落到地面：

```
0.0 + 0.5 = 0.5
0.5 + 0.5 + 1.0
1.0 + 0.5 = 1.5
```

以此类推，直到精灵到达起始的 Y 位置，此时，跳跃循环结束并且不再使用速度值。当玩家再次按下空格键跳起的时候，这个速度值会再次从-8.0 重新开始。你可以通过调整起始值和增加值来体验不同的高度，以调整游戏逻辑。当恶龙被足够的箭射中的时候，它会被推向屏幕的后面，图 7.6 展示了这种情况。要想赢，就跳过火箭，让它们射向恶龙。

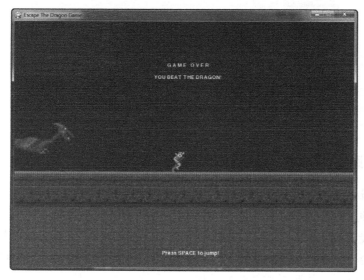

图 7.6　恶龙被火箭推向屏幕之后

7.3.2　冲突

我们还没有介绍精灵冲突，并且在下一章才会详细讨论它，因此，这里只是快速介绍一下。有几个函数可以用来检测精灵之间的彼此冲突，使用所谓的"边界矩形"技术，或者"边界圆形"技术。边界矩形冲突检测是比较两个精灵的矩形看它们是否重叠。当游戏中的箭射向玩家或恶龙的时候，或者当恶龙"吃掉"玩家的时候，使用了这种技术。这里给出一个例子，比较了箭和恶龙精灵，看看它们是否冲突：

```
pygame.sprite.collide_rect(arrow, dragon)
```

只要我们自己的精灵类是从 **pygame.sprite.Sprite** 继承而来的，**rect** 属性就可用，**pygame.sprite.collide_rest()**正是使用该属性来查看两个精灵是否碰撞。

7.3.3 源代码

如下是 Escape the Dragon 游戏的源代码。尽情学习吧！

```
import sys, time, random, math, pygame
from pygame.locals import *

# insert MySprite class definition here

def print_text(font, x, y, text, color=(255,255,255)):
    imgText = font.render(text, True, color)
    screen.blit(imgText, (x,y))

def reset_arrow():
    y = random.randint(250,350)
    arrow.position = 800,y

#main program begins
pygame.init()
screen = pygame.display.set_mode((800,600))
pygame.display.set_caption("Escape The Dragon Game")
font = pygame.font.Font(None, 18)
framerate = pygame.time.Clock()

#load bitmaps
bg = pygame.image.load("background.png").convert_alpha()

#create a sprite group
group = pygame.sprite.Group()

#create the dragon sprite
dragon = MySprite(screen)
dragon.load("dragon.png", 260, 150, 3)
dragon.position = 100, 230
group.add(dragon)
```

```
#create the player sprite
player = MySprite(screen)
player.load("caveman.png", 50, 64, 8)
player.first_frame = 1
player.last_frame = 7
player.position = 400, 303
group.add(player)

#create the arrow sprite
arrow = MySprite(screen)
arrow.load("flame.png", 40, 16, 1)
arrow.position = 800,320
group.add(arrow)

arrow_vel = 8.0
game_over = False
you_win = False
player_jumping = False
jump_vel = 0.0
player_start_y = player.Y

#repeating loop
while True:
    framerate.tick(30)
    ticks = pygame.time.get_ticks()

    for event in pygame.event.get():
        if event.type == pygame.QUIT: sys.exit()
    keys = pygame.key.get_pressed()
    if keys[pygame.K_ESCAPE]: sys.exit()
    elif keys[pygame.K_SPACE]:
        if not player_jumping:
            player_jumping = True
        jump_vel = -8.0

    #update the arrow
    if not game_over:
        arrow.X -= arrow_vel
        if arrow.X < -40: reset_arrow()

    #did arrow hit player?
    if pygame.sprite.collide_rect(arrow, player):
        reset_arrow()
```

```
        player.X -= 10

#did arrow hit dragon?
if pygame.sprite.collide_rect(arrow, dragon):
    reset_arrow()
    dragon.X -= 10

#did dragon eat the player?
if pygame.sprite.collide_rect(player, dragon):
    game_over = True

#did the dragon get defeated?
if dragon.X < -100:
    you_win = True
    game_over = True

#is the player jumping?
if player_jumping:
    player.Y += jump_vel
    jump_vel += 0.5
    if player.Y > player_start_y:
        player_jumping = False
        player.Y = player_start_y
        jump_vel = 0.0

#draw the background
screen.blit(bg, (0,0))

#update sprites
if not game_over:
    group.update(ticks, 50)

#draw sprites
group.draw(screen)

print_text(font, 350, 560, "Press SPACE to jump!")

if game_over:
    print_text(font, 360, 100, "G A M E   O V E R")
    if you_win:
        print_text(font, 330, 130, "YOU BEAT THE DRAGON!")
    else:
        print_text(font, 330, 130, "THE DRAGON GOT YOU!")

pygame.display.update()
```

7.4　小结

哦，精灵编程需要很多的代码才可以进行，不是吗？我很高兴，我们开发了自己的
Python 模块来实现动画并让其运行。好消息是，我们现在有了一个名为 **MySprite** 的不错的
类，从现在开始，我们可以为了任何用途而修改或扩展它。我确信，在后面的章节中，我
们将给它添加新的功能。

挑战

1. 修改本章的游戏，以便每次玩家跳过火箭而没有被击中的时候，都给他记分。

2. 进一步修改游戏，使得当按下空格键更长时间的时候，可以让玩家跳得更高。

3. 最后，给 MySprite 类添加一个新的功能。可以是你想要让它更完善的任何新功能。

第**8**章

精灵冲突：Zombie Mob 游戏

在第 7 章中，当需要知道火箭何时射中玩家或恶龙的时候，我们简单地介绍了冲突检测的主题。在第 7 章的游戏中，只是使用了一种类型的冲突检测，也就是一个精灵和另一个精灵（一对一）之间的冲突检测。然而，**Pygame** 支持多种类型的冲突检测技术，我们将在本章中学习它们。在本章的示例中，即 Zombie Mob 游戏中，你将会看到精灵组的话题也变得更为重要，该游戏将使用大群的僵尸和玩家对战，以实现快速动作的游戏逻辑。这里还有一些较为高级的话题，但是所有这些概念都是彼此联系的而非孤立的，因此代码也会变得越来越容易。

在本章中，我们将学习：

◎ 两个精灵之间的冲突检测；

◎ 整组精灵之间的冲突检测；

◎ 创建名为 **Zombie Mob** 的精彩游戏。

8.1 Zombie Mob 游戏简介

Zombie Mob 游戏是一个快节奏的游戏，其中，玩家必须从僵尸中逃脱并且寻找食物以生存下去，如图 8.1 所示。这种游戏逻辑对于展示冲突检测很有帮助，因为游戏中涉及很多的精灵。在下一章学习数组和元组的时候，需要为该游戏设计定制关卡，这一游戏逻辑将会进一步改进。

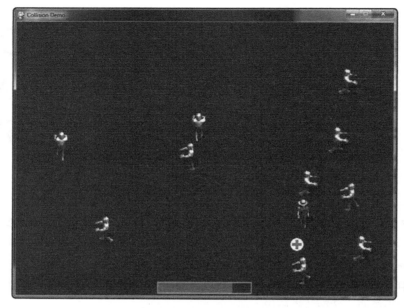

图 8.1　Zombie Mob 游戏

8.2　冲突检测技术

Pygame 支持数种形式的冲突检测，而我们可以针对数种不同情况来使用这些技术。为什么需要这么多技术呢？基本上是为了优化代码。一些冲突检测形式只涉及两种精灵，而另一些则检测整个精灵组中的所有精灵。我们甚至可以测试两个组，并且列出每组中所有受到影响的精灵的一个列表。对于 Zombie Mob 这样的游戏来说，这是特别有趣的技术，游戏中有多种精灵要选取，包括一个玩家精灵和一大堆的僵尸精灵。

8.2.1　两个精灵之间的矩形检测

只有两个精灵的时候（而不是要测试一整组的精灵），使用 pygame.sprite.collide_rect() 函数进行一对一的测试。要传递两个参数，并且每一个参数都必须是从 pygame.sprite.Sprite 派生而来的。更具体地说，任何对象只要有一个名为 rect 的 Rect 属性可用，就可以作为参数来传递。在函数之中，使用 left.rect 和 right.rect 进行冲突检测，因此，如果你的第一个"精灵"（或任何其他的对象）有一个 rect 属性，那么它在技术上就是可用的，对于名为 right 的第二个参数来说，也是一样的。该函数只是返回一个布尔值（True 或 False）作为冲突检测的结果。这个简单的函数是定制精灵冲突检测的主要完成者。

用我们定制的 **MySprite** 类作为一个基本的示例，如下所示。

```
first = MySprite("battleship.png", 250, 120, 1)
second = MySprite("rowboat.png", 32, 16, 1)
result = pygame.sprite.collide_rect( first, second )
if result:
    print_text(font, 0, 0, "What were you thinking!?")
    sys.exit()
```

这个函数还有一个变体，在某些情况下，我们可以使用它来得到较好一些的结果，这取决于精灵图像的大小。这个函数是 pygame.sprite.collide_rect_ratio()。不同之处在于，这个函数有一个额外的参数，这是一个浮点数，我们可以用它来指定用于检测的矩形的百分比。当一个精灵图像的周围有很多空白空间的时候，这很有用，因为在这种情况下，我们想要让矩形小一些。

可是函数的语法有点奇怪，因为这个函数实际上使用简化的值创建了一个类的实例，然后，结果是传递两个精灵变量的名称作为额外的参数。

```
pygame.sprite.collide_rect_ratio( 0.75 )( first, second )
```

8.2.2 两个精灵之间的圆检测

圆检测是基于每个精灵的一个半径值来进行的。你可以自己指定半径，或者让 pygame.sprite.collide_circle()函数自动计算半径。我们可能想要指定自己的半径（作为传递给该函数的精灵的一个新的属性），以便对检测结果进行微调。如果还没有 radius 属性，那么该函数只是根据图像大小来计算半径。自动创建的圆形并不能总是得到非常精确的冲突检测结果，因为该圆形的半径要完全包围矩形（也就是说，用矩形的对角线而不是宽或高作为半径）。

```
if pygame.sprite.collide_circle( first, second ):
    print_text(font, 0, 0, "Ha, I caught you!")
```

这个函数有一个名为 pygame.sprite.collide_circle_ratio()的变体，它带有一个浮点修饰符参数。

```
pygame.sprite.collide_circle_ratio( 0.5 )( first, second )
```

8.2.3　两个精灵之间的像素精确遮罩检测

pygame.sprite 中的最后一个冲突检测函数，如果运用正确的话，效果真的惊人。这个函数名为 pygame.sprite.collide_mask()，它接收两个精灵变量作为参数，并且返回一个布尔值。

```
if pygame.sprite.collide_mask( first, second ):
    print_text(font, 0, 0, "Argh, my pixels!")
```

现在，惊人之处在于该函数的工作方式：如果你在精灵类中提供一个 mask 属性，即包含了针对精灵的冲突像素的遮罩像素的一幅图像，那么，该函数将使用它。否则，该函数将自己生成这个遮罩，这是非常非常糟糕的事情。我们肯定不想让一个冲突例程每次在调用的时候都被像素搞得一团糟。想象一下，如果只有 10 个精灵使用该函数，这些精灵彼此之间都用冲突，那就是 100 次函数调用，将会生成 200 个遮罩图像。因此，这个函数有潜力提供非常不错的冲突结果，但是，你必须自己提供遮罩图像。

要创建一个遮罩，看一下 Surface 模块中用于读取像素和写入像素的函数。我提示一下，有 Surface.lock()、Surface.unlock()、Surface.get_at() 和 Surface.set_at()。这是很大的工作量，因此，除非你的游戏真的会从这种精确度中获益，那么，还是使用矩形冲突检测和圆形冲突检测。

继续阅读，并且我们将尝试遮罩的冲突检测，但是，我不建议使用它，除非你有一款移动缓慢的游戏，而高度的精确性又很重要。对于我所见过的 99% 的游戏逻辑，其他的冲突技术已经工作得很好了。

8.2.4　精灵和组之间的矩形冲突

我们要学习的第一个组冲突函数是 pygame.sprite.spritecollide()。考虑到这个函数做了如此多的工作，它还是非常容易使用的。在一次函数调用中，一个组中的所有精灵都会针对另一个单个的精灵进行冲突检测，并且，发生冲突的精灵的一个列表会作为结果返回。第一个参数就是那个单个的精灵，而第二个参数是组。第三个参数是一个布尔值，它有很大的潜在作用。在这里，传递 Ture 将会导致组中所有冲突的精灵都被删除掉。在一次单独的函数调用中，很多有难度的工作都已经替我们完成了。为了管理"销毁工作"，从组中删除的所有精灵都在列表中返回。

```
collide_list = pygame.sprite.spritecollide( arrow, flock_of_birds, False)
```

该函数还有一个变体，你可能不会对此感到惊讶。这个变体是 **pygame.sprite.spritecollideany()**，这是该函数的一个快速版本。当与组中的任何精灵发生冲突的时候，它只是返回一个布尔值，而不是在一个列表中返回所有精灵。因此，只要发生一次冲突，它立即返回。

```
if pygame.sprite.spritecollideany( arrow, flock_of_birds ):
    print_text(font, 0, 0, "Nice shot, you got one!")
```

唯一的问题是，你将没有办法知道组中的哪个精灵发生碰撞，但是根据游戏逻辑来说，具体哪个精灵发生碰撞可能并不重要。让我们解释一下为什么这很有用。假设你有一款迷宫式的游戏，其中迷宫的所有的墙都存储在一个精灵组中。现在，任何时候，玩家精灵与组中的某一面墙发生一次冲突时，具体是哪一面墙是无关紧要的，我们只是想要让玩家停止移动。快点，立即有墙冲突要处理。

Pygame 1.9 的文档中有一个和 spritecollideany()函数相关的错误：文档说返回值是一个布尔值，但实际上是组中那些与传递给函数的其他精灵发生冲突的精灵对象。

8.2.5　两个组之间的矩形冲突检测

我们将要学习的最后一项冲突检测技术是 **pygame.sprite.groupcollide()**，它测试两个精灵组之间的冲突。这可能是一个耗费巨大的过程，并且如果传递给它的两个组中都有大量的精灵的话，不应该轻易使用这个函数。该函数返回一个字典，其中包含了键-值对。第一组中的每个精灵都会添加到该字典中。然后，第二组中与之冲突的每个精灵，都会添加到字典中第一组的条目中。第一组中的一些项可能是空的，而有些项则可能包含第二组的很多精灵。两个额外的布尔值参数，指定了当发生冲突的时候，是否应该从第一组或第二组中删除精灵。

```
hit_list = pygame.sprite.groupcollide( bombs, cities, True, False )
```

8.3　Zombie Mob 游戏

现在，我们打算使用精灵检测的相关信息来制作屏幕上有很多精灵的游戏。Zombie

Mob 游戏让玩家和一群僵尸作战。但是，却没有武器。玩家角色是一个无助的平民，没有武器，其目标是从僵尸手中逃走并且收集食物保存体力以继续逃跑。玩家每次移动都会消耗体力级别，并且，如果体力变为零，玩家就不能再移动了，僵尸会得到它们最爱的（也是唯一的）食物——玩家角色的大脑。

8.3.1　创建自己的模块

除了使用冲突检测技术来开发游戏，我们此时还想要探讨模块编程，因为我们的代码库变得有点可重用了。我们有了 MySprite 类、print_text()函数，并且你可能还记得第 6 章中所介绍的有用的 Point 类，这些都会频繁地用到。因此，我们将它们放到一个单独的源代码文件中以供复用。Python 使得这也很容易做到。只要将代码放到另一个扩展名为.py 的文件中，并且在任何需要的时候调用它就行了。然后，在想要使用辅助代码的程序代码中，添加一条 import 语句。我们把这个辅助库文件命名为 MyLibrary.py。然后，在游戏文件中，我们将添加如下一行：

```
import MyLibrary
```

好了，直说吧。如果你这么做了，那么，在使用 MyLibrary.py 中的每个类和函数的时候，要在其名称前加上 MyLibrary.（带一个句点）。这不是很费劲，但是我想要让前面几章的代码保持原样。因此，我将使用 import 的变体，从而将文件中的一切内容包含到 Python 的全局命名空间中：

```
from MyLibrary import *
```

还有一件事情，任何时候，当你需要引用 MyLibrary 中的某些内容，必须将其作为一个参数传递，或者创建该对象的一个本地引用。例如，screen 变量用于绘制。因此，我们可以只是调用 pygame.display.get_surface()来获取已有的 surface，而不是将其传递给需要它的每一个函数。例如，print_text()函数需要添加如下的一行：

```
screen = pygame.display.get_surface()
```

MyLibrary.py 文件的源代码如下。现在，继续前进并给这个文件添加任意新的函数或类，然后将该文件复制到你的任意 Python/Pygame 游戏所在的文件夹，以便可以使用它。只是注意，我们没有在任何未来的示例中包含这些类和函数，因此，注意它们的位置。

```
# MyLibrary.py
import sys, time, random, math, pygame
```

```python
from pygame.locals import *

# prints text using the supplied font
def print_text(font, x, y, text, color=(255,255,255)):
    imgText = font.render(text, True, color)
    screen = pygame.display.get_surface()
    screen.blit(imgText, (x,y))
# MySprite class extends pygame.sprite.Sprite
class MySprite(pygame.sprite.Sprite):

    def __init__(self):
        pygame.sprite.Sprite.__init__(self) #extend the base Sprite class
        self.master_image = None
        self.frame = 0
        self.old_frame = -1
        self.frame_width = 1
        self.frame_height = 1
        self.first_frame = 0
        self.last_frame = 0
        self.columns = 1
        self.last_time = 0

    #X property
    def _getx(self): return self.rect.x
    def _setx(self,value): self.rect.x = value
    X = property(_getx,_setx)

    #Y property
    def _gety(self): return self.rect.y
    def _sety(self,value): self.rect.y = value
    Y = property(_gety,_sety)

    #position property
    def _getpos(self): return self.rect.topleft
    def _setpos(self,pos): self.rect.topleft = pos
    position = property(_getpos,_setpos)

    def load(self, filename, width, height, columns):
        self.master_image = pygame.image.load(filename).convert_alpha()
        self.frame_width = width
        self.frame_height = height
        self.rect = Rect(0,0,width,height)
        self.columns = columns
```

```
            #try to auto-calculate total frames
            rect = self.master_image.get_rect()
            self.last_frame = (rect.width // width) * (rect.height // height) - 1

    def update(self, current_time, rate=30):
        #update animation frame number
        if current_time > self.last_time + rate:
            self.frame += 1
            if self.frame > self.last_frame:
                self.frame = self.first_frame
            self.last_time = current_time

        #build current frame only if it changed
        if self.frame != self.old_frame:
            frame_x = (self.frame % self.columns) * self.frame_width
            frame_y = (self.frame // self.columns) * self.frame_height
            rect = Rect(frame_x, frame_y, self.frame_width, self.frame_height)
            self.image = self.master_image.subsurface(rect)
            self.old_frame = self.frame

    def __str__(self):
        return str(self.frame) + "," + str(self.first_frame) + \
               "," + str(self.last_frame) + "," + str(self.frame_width) + \
               "," + str(self.frame_height) + "," + str(self.columns) + \
               "," + str(self.rect)

#Point class
class Point(object):
    def __init__(self, x, y):
        self.__x = x
        self.__y = y

    #X property
    def getx(self): return self.__x
    def setx(self, x): self.__x = x
    x = property(getx, setx)

    #Y property
    def gety(self): return self.__y
    def sety(self, y): self.__y = y
    y = property(gety, sety)

    def __str__(self):
```

```
return "{X:" + "{:.0f}".format(self.__x) + \
    ",Y:" + "{:.0f}".format(self.__y) + "}"
```

8.3.2　高级定向动画

Zombie Mob 游戏使用了一些美工使其看上去真的很酷。我们打算让僵尸看上去像是一个绿色的圆，让玩家看上去像是一个白色的圆，但是，那样的话，这款游戏就无法登上任何游戏开发杂志的封面或任何 Web 博客的主页了，因此，该游戏将使用一些很好的美工！玩家角色的美工图片如图 8.2 所示。

图 8.2　动画般走动的玩家角色的精灵序列图

注意这个精灵序列图的规格，因为要编写源代码的话，我们必须知道这些信息。这里有 8 列和 8 行，因此，一共有 64 帧。我们无法分辨任务，但是，可以用图形编辑器打开这个位图文件来浏览它，你将会注意到文件的大小是 768×768。它分为 96 像素×96 像素大小的帧。但是，我们并不是真的需要所有这些动画帧。这对于游戏来说，是一个不错的精灵序列图，可以使用 8 个方向的移动：向北、向南、向东、向西，以及 4 个对角线上的方向。我们的游戏将只是使用 4 个主要的方向，但是，如果你想要尝试的话，8 个方向的版本可以作为该游戏的升级版。图 8.3 展示了僵尸的精灵序列图。所有的僵尸精灵都将共享这一个位图文件。

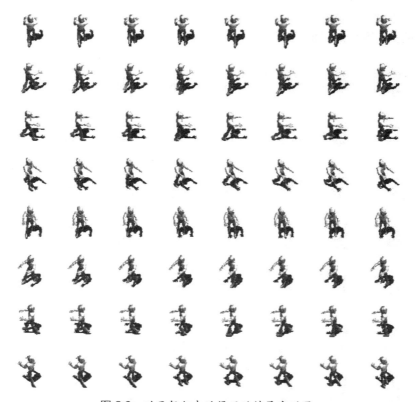

图 8.3　动画般行走的僵尸的精灵序列图

当有 8 个动画序列而且想要让这些精灵在 4 个方向上移动的时候，我们必须手动地控制动画帧的范围。表 8.1 给出了动画的规范。由于玩家和僵尸精灵序列图具有相同的大小，这对二者都适用。在研究这个表中的图的时候，使用两个精灵序列图中的图片作为参考。我发现实际上对每一行中的每一帧计数是有帮助的。一旦算清楚了前几行，应该会注意到有一种模式，就是基于列的数目（8）来计算。有了这种模式，我们可以使用它来自动地计算每个方向的范围。

表 8.1 精灵序列图

Row	Description	Start Frame	End Frame
0	north	0	7
1	--	8	15
2	east	16	23
3	--	24	31
4	south	32	39
5	--	40	47
6	west	48	55
7	--	56	63

方向值将作为一个新的属性添加到精灵类中。尽管这样，我们还需要给 MySprite 添加一个 velocity 属性，以便精灵可以根据其方向来移动。因此，我们需要打开 MyLibrary 并向 MySprite 类做一些添加。这正是我们所要做的，因此，不要害怕修改它。让我们一面思考，一面做下面的修改。

```
class MySprite(pygame.sprite.Sprite):
    def __init__(self):
        pygame.sprite.Sprite.__init__(self) #extend the base Sprite class
        self.master_image = None
        self.frame = 0
        self.old_frame = -1
        self.frame_width = 1
        self.frame_height = 1
        self.first_frame = 0
        self.last_frame = 0
        self.columns = 1
        self.last_time = 0
        self.direction = 0
        self.velocity = Point(0,0)
```

这就是我们必须作为全局属性添加的内容。哦，这不是一个真正的 Python 类属性，但是，它将以这种方式很好地工作，就像是其他的 Python 类属性一样。只有当 get() 和 set() 对（顺便说一下，即所谓的访问器/修改器方法）中的某一个必须执行一些逻辑时，我们才使用它们来创建一个真正的属性，例如 X 和 Y 属性的情况。

现在，我们有了一个 MySprite.direction 属性可用，因此，我们想要做的就是根据用户的输入来设置方向。当玩家按下 Up 键的时候，我们把方向设置为 0（表示北方）。类似地，我们对于 Right 键（2，表示东方）、Down 键（4，表示南方）和 Left（6，表示西方）做同样的事情。下面的代码把通常用于移动的箭头键和 W-A-S-D 键都考虑进去。

```
if keys[K_UP] or keys[K_w]: player.direction = 0
elif keys[K_RIGHT] or keys[K_d]: player.direction = 2
elif keys[K_DOWN] or keys[K_s]: player.direction = 4
elif keys[K_LEFT] or keys[K_a]: player.direction = 6
```

然后，这个方向将会决定用于动画的帧的范围。因此，如果你按下了 Up 键，根据表 8.1，将会使用的范围是 0～7。关于 direction 属性的最好的事情是，我们可以在简单的计算中使用它来设置范围。根本不需要 if 语句。

```
player.first_frame = player.direction * player.columns
player.last_frame = player.first_frame + 8
```

我们将确保这段代码位于 player.update()之前，而动画就是在该函数中更新。

8.3.3　与僵尸冲突

游戏中的冲突代码包含两个阶段。首先，我们将使用 pygame.sprite.spritecollideany()来查看玩家精灵是否与任何僵尸精灵接触了。如果返回了一个碰撞，那么，我们将使用 pygame.sprite.collide_rect_ratio()再做一次检测，并且将冲突矩形减小 50%以得到更为精确的结果，这会带来更好的游戏逻辑。之所以需要第二次检测，是因为和每一帧中实际的图像像素相比较，精灵序列图中的帧相当大，因此，需要将冲突收紧一些，以便得到更好的游戏逻辑。使用一个名为 attacker 的新的精灵对象，来记录玩家何时碰撞到了僵尸。在通过了这个两步骤的冲突检测之后，玩家会失去生命值，僵尸会回退一点以给出玩家逃跑的空间。图 8.4 展示了将要被攻击的玩家。

当编写导致某个对象掉转方向（或逆转任何其他状态）的代码的时候，要小心，因为如果该对象还没有走出该位置或者摆脱该状态，对象会翻来覆去、来回走动，看上去就像是在屏幕上"激动发狂"。最坏的情况下，这实际上会导致游戏锁死。

```
#check for collision with zombies
```

```
attacker = None
attacker = pygame.sprite.spritecollideany(player, zombie_group)
if attacker != None:
    #we got a hit, now do a more precise check
    if pygame.sprite.collide_rect_ratio(0.5)(player,attacker):
        player_health -= 10
        if attacker.X < player.X: attacker.X -= 10
        elif attacker.X > player.X: attacker.X += 10
    else:
        attacker = None
```

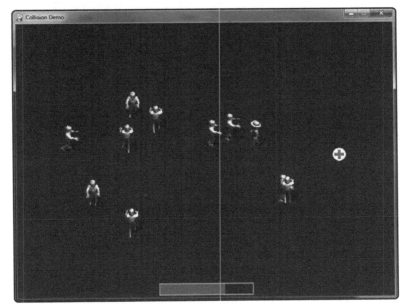

图 8.4 玩家将要受到僵尸的攻击

8.3.4 获得生命值

具有生命值的精灵是带有一个红色十字的白色圆圈，玩家可以捡起它以得到+30 的生命值（当然，如果你想要让游戏变得更难或者更简单的话，可以修改这个值）。让玩家捡起生命值精灵的代码如下所示。当捡起生命值精灵的时候，玩家会接收到奖励的生命值，并且他会移动到屏幕上的一个随机的位置。图 8.5 展示了生命值精灵和已经急需生命值的玩家。

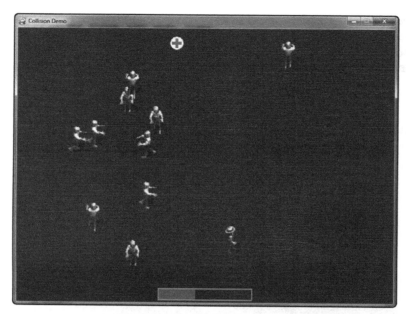

图 8.5 这个生命值精灵捡起来真有点远

```
#check for collision with health
if pygame.sprite.collide_rect_ratio(0.5)(player,health):
    player_health += 30
    if player_health > 100: player_health = 100
    health.X = random.randint(0,700)
    health.Y = random.randint(0,500)
```

玩家可以移动得比僵尸稍微快一点，这会让游戏有趣一些。如果玩家移动的
和僵尸同样快或者更慢，那么，游戏玩起来会令人沮丧。总是给玩家一点超
出坏蛋的优越性，这会让玩家愿意回头来玩游戏。让玩家沮丧，真的会让他
们停止玩游戏。

如果玩家遭到僵尸太多的攻击并且无法得到健康精灵以恢复体力，那么，最终的生命
值条将会耗尽而玩家死去。这标志着游戏结束。除非再次运行游戏，没有其他办法来重新
启动游戏。如图 8.6 所示。

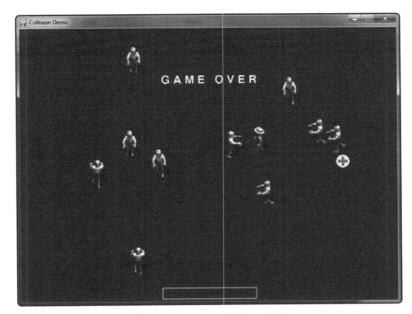

图 8.6　哦不，玩家已经死了

8.3.5　游戏源代码

最后，这里给出 Zombie Mob 游戏的完整代码。考虑到其中包含了如此多的游戏逻辑，这真的是很短的代码了。正是有了 **MyLibrary.py** 文件，我们才能够管理可复用代码，并且压缩了游戏的主代码列表。

```
# Zombie Mob Game
# Chapter 8
import itertools, sys, time, random, math, pygame
from pygame.locals import *
from MyLibrary import *

def calc_velocity(direction, vel=1.0):
    velocity = Point(0,0)
    if direction == 0: #north
        velocity.y = -vel
    elif direction == 2: #east
        velocity.x = vel
```

```
        elif direction == 4: #south
            velocity.y = vel
        elif direction == 6: #west
            velocity.x = -vel
        return velocity

    def reverse_direction(sprite):
        if sprite.direction == 0:
            sprite.direction = 4
        elif sprite.direction == 2:
            sprite.direction = 6
        elif sprite.direction == 4:
            sprite.direction = 0
        elif sprite.direction == 6:
            sprite.direction = 2

#main program begins
pygame.init()
screen = pygame.display.set_mode((800,600))
pygame.display.set_caption("Collision Demo")
font = pygame.font.Font(None, 36)
timer = pygame.time.Clock()

#create sprite groups
player_group = pygame.sprite.Group()
zombie_group = pygame.sprite.Group()
health_group = pygame.sprite.Group()

#create the player sprite
player = MySprite()
player.load("farmer walk.png", 96, 96, 8)
player.position = 80, 80
player.direction = 4
player_group.add(player)

#create the zombie sprite
zombie_image = pygame.image.load("zombie walk.png").convert_alpha()
for n in range(0, 10):
    zombie = MySprite()
    zombie.load("zombie walk.png", 96, 96, 8)
    zombie.position = random.randint(0,700), random.randint(0,500)
    zombie.direction = random.randint(0,3) * 2
    zombie_group.add(zombie)
```

```
#create heath sprite
health = MySprite()
health.load("health.png", 32, 32, 1)
health.position = 400,300
health_group.add(health)

game_over = False
player_moving = False
player_health = 100

#repeating loop
while True:
    timer.tick(30)
    ticks = pygame.time.get_ticks()

    for event in pygame.event.get():
        if event.type == QUIT: sys.exit()
    keys = pygame.key.get_pressed()
    if keys[K_ESCAPE]: sys.exit()
    elif keys[K_UP] or keys[K_w]:
        player.direction = 0
        player_moving = True
    elif keys[K_RIGHT] or keys[K_d]:
        player.direction = 2
        player_moving = True
    elif keys[K_DOWN] or keys[K_s]:
        player.direction = 4
        player_moving = True
    elif keys[K_LEFT] or keys[K_a]:
        player.direction = 6
        player_moving = True
    else:
        player_moving = False

    #these things should not happen when the game is over

if not game_over:
    #set animation frames based on player's direction
    player.first_frame = player.direction * player.columns
    player.last_frame = player.first_frame + player.columns-1
    if player.frame < player.first_frame:
        player.frame = player.first_frame
```

```
    if not player_moving:
        #stop animating when player is not pressing a key
        player.frame = player.first_frame = player.last_frame
    else:
        #move player in direction
        player.velocity = calc_velocity(player.direction, 1.5)
        player.velocity.x *= 1.5
        player.velocity.y *= 1.5

#update player sprite
player_group.update(ticks, 50)

#manually move the player
if player_moving:
    player.X += player.velocity.x
    player.Y += player.velocity.y
    if player.X < 0: player.X = 0
    elif player.X > 700: player.X = 700
    if player.Y < 0: player.Y = 0
    elif player.Y > 500: player.Y = 500

#update zombie sprites
zombie_group.update(ticks, 50)

#manually iterate through all the zombies
for z in zombie_group:
    #set the zombie's animation range
    z.first_frame = z.direction * z.columns
    z.last_frame = z.first_frame + z.columns-1
    if z.frame < z.first_frame:
        z.frame = z.first_frame
        z.velocity = calc_velocity(z.direction)

        #keep the zombie on the screen
        z.X += z.velocity.x
        z.Y += z.velocity.y
        if z.X < 0 or z.X > 700 or z.Y < 0 or z.Y > 500:
            reverse_direction(z)

    #check for collision with zombies
    attacker = None
    attacker = pygame.sprite.spritecollideany(player, zombie_group)
```

```
    if attacker != None:
        #we got a hit, now do a more precise check
        if pygame.sprite.collide_rect_ratio(0.5)(player,attacker):
            player_health -= 10
            if attacker.X < player.X:
                attacker.X -= 10
            elif attacker.X > player.X:
                attacker.X += 10
        else:
            attacker = None

    #update the health drop
    health_group.update(ticks, 50)

    #check for collision with health
    if pygame.sprite.collide_rect_ratio(0.5)(player,health):
        player_health += 30
        if player_health > 100: player_health = 100
        health.X = random.randint(0,700)
        health.Y = random.randint(0,500)

#is player dead?
if player_health <= 0:
    game_over = True

#clear the screen
screen.fill((50,50,100))

#draw sprites
health_group.draw(screen)
zombie_group.draw(screen)
player_group.draw(screen)

#draw energy bar
pygame.draw.rect(screen, (50,150,50,180), Rect(300,570,player_health*2,25))
pygame.draw.rect(screen, (100,200,100,180), Rect(300,570,200,25), 2)

if game_over:
    print_text(font, 300, 100, "G A M E   O V E R")

pygame.display.update()
```

现实世界

如果你真的喜欢僵尸，那么去看看其起源——George A. Romero 在最初的经典电影 Night of the Living Dead 中创造了僵尸风格。这部电影引发了 Milla Jovovich 主演的 Resident Evil 系列等现代电影，The Walking Dead 等电视剧，甚至是翻拍的 Romer 的电影，包括 The Crazies Dawn of the Dead 和 Day of the Dead 等。对于任何想要快速熟悉僵尸游戏制作的任何人来说，这些都是必看的资料。

8.4　小结

到这里就结束了本章的学习。精灵冲突检测也是本章中的重要话题。Zombie Mob 游戏是实践几种冲突检测类型的不错的示例。正如游戏代码所展示的，对精灵事件的响应非常重要。

挑战

1. 修改游戏，使用定时器变量，以便每 10 秒钟左右向 zombie_group 组添加一个新的僵尸。这会增加难度并且给玩家更大的挑战（并且还会使得在某个时刻不可能生存下去，就像任何优秀的街机游戏一样）。

2. 修改游戏，以便有多个生命值拾取精灵。

3. 修改僵尸冲突代码，以使得僵尸彼此冲突，使用类似针对玩家所使用的冲突响应代码。

第 9 章
数组、列表和元组：
Block Breaker 游戏

本章介绍相当神秘的数组的话题，以及与数组相关的元组的话题。这二者有一个基本相同的事情：数组直接当作数组使用，而元组当作带有属性和方法的一个容器对象来对待。列表也是我们将要学习和使用的一个 Python 类。我们将使用这些新的知识来创建带有预定义的关卡的一款游戏。

在本章中，我们将学习：

◎ 定义和使用数组和列表；

◎ 使用元组作为数据的一个稳定的数组；

◎ 创建一款数据驱动的游戏。

9.1　Block Breaker 游戏简介

Block Breaker 游戏将使用本章中介绍的概念。作为一款数据驱动的游戏，它将能够对游戏的关卡定义做出修改，这会改变这些关卡的外观并影响到游戏逻辑，而并不需要修改任何代码行。这款游戏将很好地展示列表和元组，如图 9.1 所示。

9.2　数组和列表

由于数组只是简化了的列表，我们将这二者并入到一节中介绍，并通过介绍列表来包含所有内容。列表是数据的容器，想要存储的任何数据，都使用常规的 Python 变量存储。

列表包含你自己的类的对象，例如 **MySprite**。实际上，像 **pygame.sprite.Group** 这样的精灵组，也是一个列表。因此，在已经使用过列表之后，你应该对某些主题比较熟悉。列表被认为是可变的，因为列表中的元素是可以修改的，并且，可以以添加、删除、搜索和排序等各种方式来修改列表。

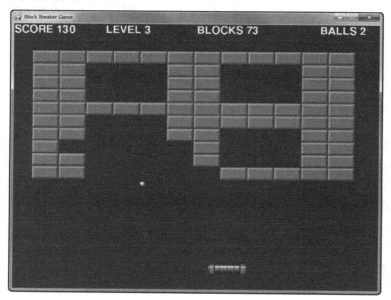

图 9.1 Block Breaker 游戏

9.2.1 有一个维度的列表

创建列表的时候，要么因此定义所有元素，要么随后再添加元素。例如：

```
ages = [16, 91, 29, 38, 14, 22]
print(ages)
[16, 91, 29, 38, 14, 22]
```

列表也可以包含整数以外的其他数据，如字符串：

```
names = ["john","jane","dave","robert","andrea","susan"]
print(names)
['john', 'jane', 'dave', 'robert', 'andrea', 'susan']
```

修改一个元素

我们可以通过索引编号来获取列表中的任何元素的数据。可以引用索引编号来修改该元素。这里，我们将修改索引为 1 的值，然后在后面再重新设置它。

```
ages[1] = 1000
print(ages[1])
1000
ages[1] = 91
```

添加一个元素

可以使用 append() 方法把新的项添加到列表中：

```
ages.append(100)
print(ages)
[16, 91, 29, 38, 14, 22, 100]
```

可以使用 insert() 方法将一个元素插入到列表的中间，该函数接收一个索引位置和一个值作为参数。

```
ages.insert(1, 50)
print(ages)
ages.insert(1, 60)
print(ages)
[16, 50, 91, 29, 38, 14, 22, 100, 20, 20, 20]
[16, 60, 50, 91, 29, 38, 14, 22, 100, 20, 20, 20]
```

计数元素

如果列表中有重复的元素，可以使用 count() 方法来对其计数。

```
ages.append(20)
ages.append(20)
ages.append(20)
print(ages)
print(ages.count(20))
[16, 91, 29, 38, 14, 22, 100, 20, 20, 20]
3
```

搜索元素

可以使用 index() 方法来搜索一个具体的元素在列表中第一次出现的位置。注意，列表是基于 0 的，因此，第一项的索引位置为 0，而不是 1。值 20 在列表中首次出现在索引 7 的位置（即第 8 个元素）。

```
print(ages.index(20))
7
```

删除元素

可以使用 remove()方法来删除列表中的一个元素。传递的值的第一次出现，将会被删除，并且只是删除一次，而不是删除所有的内容。在如下的代码中，注意，最近一次所添加的 20，作为该元素的第一次出现而删除了。

```
ages.remove(20)
print(ages)
[16, 60, 50, 91, 29, 38, 14, 22, 100, 20, 20]
```

将列表反向

可以使用 reverse()方法将整个列表反向。这不会实际修改列表中的每个元素。如下的代码展示了我们的示例列表中的元素反向之后的结果。随后，通过再次调用 reverse()函数将列表返回到最初的顺序。

```
ages.reverse()
print(ages)
[20, 20, 100, 22, 14, 38, 29, 91, 50, 60, 16]
ages.reverse()
```

排序列表

可以使用 sort()方法将列表中的元素排序。正如如下的示例代码所示，通过调用 reverse()可以将排列的顺序反向过来，因此，不需要专门对列表降序排序。

```
ages.sort()
print(ages)
ages.reverse()
print(ages)
[14, 16, 20, 20, 22, 29, 38, 50, 60, 91, 100]
[100, 91, 60, 50, 38, 29, 22, 20, 20, 16, 14]
```

9.2.2 创建栈式列表

栈是使用先入后出（first-in，last-out，FILO）的方式来管理元素的一个列表，其中，最后添加的列表项是最先删除的列表项。一个名为 pop()的方法可以删除列表中最后的一项，从而使得很容易像使用栈一样来使用列表。栈编程的通常术语是，将元素"压入"到栈中，而不是添加或附加，但是我们可以使用 append()函数来达到同样的目的。栈是管理短期内存的很好的工具，并且，编译器和解释器就是使用栈技术来读取传递给一个函数的参数的。

```
stack = []
for i in range(10):
    stack.append(i)
print(stack)
stack.append(10)
print(stack)
n = stack.pop()
m = stack.pop()
print(stack)
[0, 1, 2, 3, 4, 5, 6, 7, 8, 9]
[0, 1, 2, 3, 4, 5, 6, 7, 8, 9, 10]
[0, 1, 2, 3, 4, 5, 6, 7, 8]
```

9.2.3　创建队列式列表

队列的功能类似于栈，但是，它采用先进先出（first-in，first-out，FIFO）的方法来管理元素，其中，先添加的项会先删除掉。Python 还有一个 queue 模块可以用来做这件事，因此，我们只是使用一个列表来进行模拟，以便于说明。

```
queue = []
for l in range(10):
    queue.append(l)
print(queue)
queue.append(50)
queue.append(60)
queue.append(70)
print(queue)
n = queue[0]
queue.remove(n)
print(queue)
[0, 1, 2, 3, 4, 5, 6, 7, 8, 9]
[0, 1, 2, 3, 4, 5, 6, 7, 8, 9, 50, 60, 70]
[1, 2, 3, 4, 5, 6, 7, 8, 9, 50, 60, 70]
```

9.2.4　更多维度的列表

一个列表还可以包含列表，这叫作多维列表。二维列表可以称为一个表格，因此数据看起来就像是一个电子表格。这是存储游戏关卡数据的一种常用技术。在 Python 中，操作 n 维列表需要一些技巧，除非你学习了其语法。如下是一个二维列表：

```
grid = [[1,2,3],[4,5,6],[7,8,9]]
print(grid)
[[1, 2, 3], [4, 5, 6], [7, 8, 9]]
```

注意创建列表值的语法，其中带有用逗号隔开的方括号。第一个维度用最外围的方括号表示。如果删除了第二维，列表变成了：

```
grid = []
```

这是我们原本所期望的样子。添加第二个维度涉及语法要求。为了让第二个维度更容易识别，我们可以使用一种视觉上更明显的定义形式：

```
grid = [
    [1,2,3],
    [4,5,6],
    [7,8,9]]
```

Python 并不会以这种方式"看待"一个 n 维列表，因此，这只是对程序员有帮助。

修改一个元素

要修改这样的二维列表中的一个单个的元素，必须使用方括号中带索引的语法。例如，如下的代码打印出列表的第一维度的第一个元素，后面跟着元素的数目。

```
print(grid[0])
print(len(grid[0]))
[1, 2, 3]
3
```

如下是显示 grid[0]中包含的列表中的元素的另一种方式：

```
for n in grid[0]: print(n)
1
2
3
```

当操作这样的列表的时候，把一个元素理解为可能是另一个列表是有帮助的。只要再添加一对方括号，并带上一个索引值，就可以访问内部列表中的值了。

```
grid[0][0] = 100
grid[0][1] = 200
grid[0][2] = 300
```

```
print(grid[0])
[100, 200, 300]
```

修改多个元素

用数据填充列表的一个列表（这是二维列表的另一个术语）的最快的方式，是使用 for 循环。可以使用如下的语法，用一个值来填充一个新的列表的列表。

```
grid = [
    [10 for col in range(10)]
        for row in range(10)]
for row in grid: print(row)
[10, 10, 10, 10, 10, 10, 10, 10, 10, 10]
[10, 10, 10, 10, 10, 10, 10, 10, 10, 10]
[10, 10, 10, 10, 10, 10, 10, 10, 10, 10]
[10, 10, 10, 10, 10, 10, 10, 10, 10, 10]
[10, 10, 10, 10, 10, 10, 10, 10, 10, 10]
[10, 10, 10, 10, 10, 10, 10, 10, 10, 10]
[10, 10, 10, 10, 10, 10, 10, 10, 10, 10]
[10, 10, 10, 10, 10, 10, 10, 10, 10, 10]
[10, 10, 10, 10, 10, 10, 10, 10, 10, 10]
[10, 10, 10, 10, 10, 10, 10, 10, 10, 10]
```

我们也可以定义这样一个列表，整个列表中的每个元素位置都有不同的值。为 12 列和 10 行的游戏关卡定义的一个列表，如下所示。

```
level = [
    1,1,1,1,1,1,1,1,1,1,1,1,
2,2,2,2,2,2,2,2,2,2,2,2,
3,3,3,3,3,3,3,3,3,3,3,3,
1,1,1,1,1,1,1,1,1,1,1,1,
1,1,1,1,1,0,0,1,1,1,1,1,
1,1,1,1,1,0,0,1,1,1,1,1,
1,1,1,1,1,1,1,1,1,1,1,1,
3,3,3,3,3,3,3,3,3,3,3,3,
2,2,2,2,2,2,2,2,2,2,2,2,
1,1,1,1,1,1,1,1,1,1,1,1]
```

当打印出这个列表的时候，对这些行并没有进行格式化，因为这只是针对一个元素的数据的很长的定义，而这个元素只是恰好是游戏的关卡数据。如果必须把这些元素排列好，那么，需要用一对 for 循环对索引进行一些处理。如果你想要按照 X 和 Y 坐标来考虑列表中的数据，那么，第一个维度代表 "Y"，而第二个或内部的维度表示 "X"，记住这一点是很重要的。在这种情况下，首先处理每一行，然后按照每行的顺序处理每一行（那些列）之中的元素。

如果想要对打印出值的方式有些控制的话，可以通过如下的方式来做到这点。

```
for row in range(10):
    s = ""
    for col in range(12):
        s += str(level[row*10+col]) + " "
    print(s)
1 1 1 1 1 1 1 1 1 1 1 1
1 1 2 2 2 2 2 2 2 2 2 2
2 2 2 2 3 3 3 3 3 3 3 3
3 3 3 3 3 3 1 1 1 1 1 1
1 1 1 1 1 1 1 1 1 1 1 1
1 1 1 0 0 1 1 1 1 1 1 1
1 1 1 1 0 0 1 1 1 1 1 1
1 1 1 1 1 1 1 1 1 1 1 1
1 1 1 3 3 3 3 3 3 3 3 3
3 3 3 3 3 3 2 2 2 2 2 2
```

这种有点复杂的元素格式化是必要的，因为这是一个单维度列表伪装成二维列表。这个索引计算的秘诀在于 **row * 10 + col**，这是基于将二维的索引转换为一维的一个公式：

```
index = (row #) x columns + (column #)
```

为了简化代码并去除这种计算，我们可以只是将关卡数据定义为二维列表：

```
level = [
    [1,1,1,1,1,1,1,1,1,1,1,1],
    [2,2,2,2,2,2,2,2,2,2,2,2],
    [3,3,3,3,3,3,3,3,3,3,3,3],
    [1,1,1,1,1,1,1,1,1,1,1,1],
    [1,1,1,1,1,0,0,1,1,1,1,1],
    [1,1,1,1,1,0,0,1,1,1,1,1],
    [1,1,1,1,1,1,1,1,1,1,1,1],
    [3,3,3,3,3,3,3,3,3,3,3,3],
    [2,2,2,2,2,2,2,2,2,2,2,2],
    [1,1,1,1,1,1,1,1,1,1,1,1]]
```

要打印出来（或者只是一般性地访问列表），我们必须使用一个简单的 for 循环，将列表中的每一行都当作一个列表对待：

```
for row in level: print(row)
[1, 1, 1, 1, 1, 1, 1, 1, 1, 1, 1, 1]
```

```
[2, 2, 2, 2, 2, 2, 2, 2, 2, 2, 2, 2]
[3, 3, 3, 3, 3, 3, 3, 3, 3, 3, 3, 3]
[1, 1, 1, 1, 1, 1, 1, 1, 1, 1, 1, 1]
[1, 1, 1, 1, 1, 0, 0, 1, 1, 1, 1, 1]
[1, 1, 1, 1, 1, 0, 0, 1, 1, 1, 1, 1]
[1, 1, 1, 1, 1, 1, 1, 1, 1, 1, 1, 1]
[3, 3, 3, 3, 3, 3, 3, 3, 3, 3, 3, 3]
[2, 2, 2, 2, 2, 2, 2, 2, 2, 2, 2, 2]
[1, 1, 1, 1, 1, 1, 1, 1, 1, 1, 1, 1]
```

9.3　元组

元组和列表类似，但是，它是只读的，意味着代码中一旦进行了初始化，这些项就不能再修改了，这使得元组成为不可变的。元组中的元素放在圆括号中，而不是方括号中，以便与列表区分开来。一旦定义了元组，只可以替换它。为什么要使用元组而不是列表呢？元组的主要优点在于，它比列表要快。如果你不想修改数据，那么，使用元组可以获得更好的性能。但是，如果你需要修改数据，还是使用列表吧。

9.3.1　打包元组

创建一个元组的过程叫作打包。元组通常用来与函数和类方法相互传递复杂的数据。元组的数据只能创建一次，然后它就是不可变的了。在下面这个较短的示例中，创建了一个元组，它包括值 1~5。然后，变量 a、b、c、d 和 e 分别设置为元组中的每个值。如果这段代码看上去有点熟悉，那是因为我们已经在此之前使用过元组，只不过没有正式地介绍过它们。

```
tuple1 = (1,2,3,4,5)
print(tuple1)
(1, 2, 3, 4, 5)
```

9.3.2　解包元组

请注意，在操作元组的时候，圆括号是可选的，如下面的代码所示。从元组读取出数据的过程叫作"解包"。

```
a,b,c,d,e = tuple1
print(a,b,c,d,e)
1 2 3 4 5
```

可以使用如下代码创建较为复杂的元组。

```
data = (100 for n in range(10))
for n in data: print(n)
100
100
100
100
100
100
100
100
100
100
```

也可以在元组中存储字符串数据：

```
names = ("john","jane","dave","robert","andrea","susan")
print(names)
('john', 'jane', 'dave', 'robert', 'andrea', 'susan')
```

9.3.3　搜索元素

我们发现，在操作列表的时候所使用的某些方法，对于元组来说也是可用的，但是，那些方法只是获取数据，而不会修改数据。试图修改元组中的数据，会在 Python 的解释器中产生一个运行时错误。

```
print(names.index("dave"))
2
```

可以使用 **in** 这样的范围序列操作符来搜索一个元组中的元素，如下所示。

```
print("jane" in names)
True
print("bob" in names)
False
```

9.3.4　计数元素

我们可以使用 count()方法，让 Python 返回一个元组中具有指定的值的元素的数目：

```
print(names.count("susan"))
1
```

还可以使用 len() 函数得到元组中所有元素的数目：

```
print(len(names))
6
```

9.3.5 作为常量数组的元组

元组可以非常好地充当一个常量数组容器，因为它能够快速地搜索并返回数据。其语法与针对列表的操作类似，但是，要使用圆括号而不是花括号。如下是包含游戏的关卡数据的一个 2D 元组。

```
level = (
    (1,1,1,1,1,1,1,1,1,1,1,1),
    (2,2,2,2,2,2,2,2,2,2,2,2),
    (3,3,3,3,3,3,3,3,3,3,3,3),
    (1,1,1,1,1,1,1,1,1,1,1,1),
    (1,1,1,1,1,0,0,1,1,1,1,1),
    (1,1,1,1,1,0,0,1,1,1,1,1),
    (1,1,1,1,1,1,1,1,1,1,1,1),
    (3,3,3,3,3,3,3,3,3,3,3,3),
    (2,2,2,2,2,2,2,2,2,2,2,2),
    (1,1,1,1,1,1,1,1,1,1,1,1))
```

可以使用与访问列表相同的代码来访问 2D 元组中的数据，用一个 for 循环或通过索引就可以了。

```
for row in level: print(row)
(1, 1, 1, 1, 1, 1, 1, 1, 1, 1, 1, 1)
(2, 2, 2, 2, 2, 2, 2, 2, 2, 2, 2, 2)
(3, 3, 3, 3, 3, 3, 3, 3, 3, 3, 3, 3)
(1, 1, 1, 1, 1, 1, 1, 1, 1, 1, 1, 1)
(1, 1, 1, 1, 1, 0, 0, 1, 1, 1, 1, 1)
(1, 1, 1, 1, 1, 0, 0, 1, 1, 1, 1, 1)
(1, 1, 1, 1, 1, 1, 1, 1, 1, 1, 1, 1)
(3, 3, 3, 3, 3, 3, 3, 3, 3, 3, 3, 3)
(2, 2, 2, 2, 2, 2, 2, 2, 2, 2, 2, 2)
(1, 1, 1, 1, 1, 1, 1, 1, 1, 1, 1, 1)
```

9.4　Block Breaker 游戏

我们将把所学的关于列表和元组的新知识用于名为 **Block Breaker** 的游戏中。这是一个传统的挡板撞球游戏，其目标就是清除游戏领域内的所有的砖块，同时防止球越过了挡板。对于玩家来说，这实际上就是"**Ping Pong**"式的游戏逻辑。我们打算一节一节地构建游戏并进行讲解，而不是一次性给出所有的代码。让我们从导入开始：

```
# Block Breaker Game
# Chapter 9
import sys, time, random, math, pygame
from pygame.locals import *
from MyLibrary import *
```

注意，这里需要 **MyLibrary.py**。这里，我们将对这个库的源代码做一些修改。

9.4.1　Block Breaker 关卡

游戏中有 3 关，但是，你可以给游戏添加新的关卡或者编辑已经定义的关卡。在修改游戏关卡的时候，游戏代码使用 len(levels)，因此，你可以向 levels 元组添加尽可能多的新关卡，而不必对源代码做任何修改，从而应付关卡修改限制。图 **9.2** 展示了砖块精灵的序列图。

图 9.2　*所有砖块都源自这个图像，其中包含 8 帧*

关卡 1

图 **9.3** 展示了游戏的第 1 关。在关卡 1 的数据中定义 1，这并不重要，这么做只是为了有助于表明所引用的关卡。尽管用于游戏的砖块图像当作一个动画精灵一样对待，我们可以只使用一个简单的白色砖块，并且在用任意的颜色值绘制它的时候再为其上色。

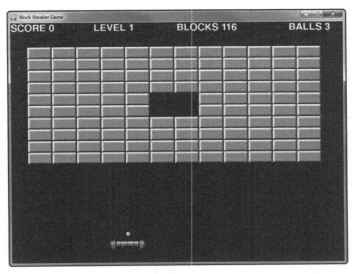

图 9.3　游戏的第一关

```
levels = (
(1,1,1,1,1,1,1,1,1,1,1,1,
 1,1,1,1,1,1,1,1,1,1,1,1,
 1,1,1,1,1,1,1,1,1,1,1,1,
 1,1,1,1,1,1,1,1,1,1,1,1,
 1,1,1,1,1,0,0,1,1,1,1,1,
 1,1,1,1,1,0,0,1,1,1,1,1,
 1,1,1,1,1,1,1,1,1,1,1,1,
 1,1,1,1,1,1,1,1,1,1,1,1,
 1,1,1,1,1,1,1,1,1,1,1,1,
 1,1,1,1,1,1,1,1,1,1,1,1),
```

关卡 2

　　图 9.4 展示了游戏的第 2 关。就像是第 1 关一样，这里的 2 也只是为了便于说明。你可以将其修改为从 0 到 7 的任何数值，因为这里有 8 种不同的砖块。

```
(2,2,2,2,2,2,2,2,2,2,2,2,
 2,0,0,2,2,2,2,2,2,0,0,2,
 2,0,0,2,2,2,2,2,2,0,0,2,
 2,2,2,2,2,2,2,2,2,2,2,2,
 2,2,2,2,2,2,2,2,2,2,2,2,
 2,2,2,2,2,2,2,2,2,2,2,2,
```

```
2,2,2,2,2,2,2,2,2,2,2,2,
2,0,0,2,2,2,2,2,2,0,0,2,
2,0,0,2,2,2,2,2,2,0,0,2,
2,2,2,2,2,2,2,2,2,2,2,2),
```

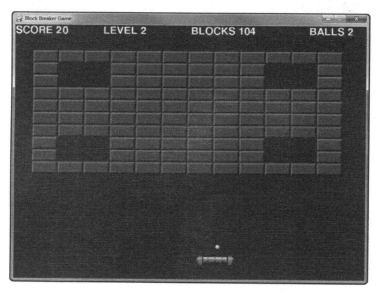

图 9.4　关卡 2

关卡 3

图 9.5 显示了游戏的第 3 关，也是最后一关。

```
(3,3,3,3,3,3,3,3,3,3,3,3,
3,3,0,0,0,3,3,0,0,0,3,3,
3,3,0,0,0,3,3,0,0,0,3,3,
3,3,0,0,0,3,3,0,0,0,3,3,
3,3,3,3,3,3,3,3,3,3,3,3,
3,3,3,3,3,3,3,3,3,3,3,3,
3,3,0,0,0,3,3,0,0,0,3,3,
3,3,0,0,0,3,3,0,0,0,3,3,
3,3,0,0,0,3,3,0,0,0,3,3,
3,3,3,3,3,3,3,3,3,3,3,3),
)
```

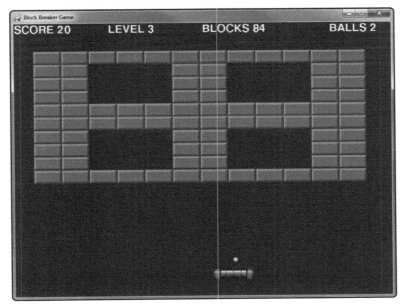

图 9.5　关卡 3

9.4.2　加载和修改关卡

游戏中有 3 个函数用来操作关卡。首先是 **goto_next_level()**，它只是增加关卡编号，确保其位于定义的关卡范围之内。接下来，**update_blocks()**函数处理打通关卡时候的情况。**load_level()**函数遍历关卡数据以创建名为 **block_group** 的一个精灵组，其中包含了当前关卡的所有砖块。注意，在这些函数中，使用了全局变量定义，这是到目前为止我们还没有太多用到的方法。**global** 关键字允许该函数去修改在程序中任何其他地方定义的一个变量。

```
#this function increments the level
def goto_next_level():
    global level, levels
    level += 1
    if level > len(levels)-1: level = 0
    load_level()

#this function updates the blocks in play
def update_blocks():
    global block_group, waiting
```

```
        if len(block_group) == 0: #all blocks gone?
            goto_next_level()
            waiting = True
        block_group.update(ticks, 50)


#this function sets up the blocks for the level
def load_level():
    global level, block_image, block_group, levels
    block_image = pygame.image.load("blocks.png").convert_alpha()
    block_group.empty() #reset block group
    for bx in range(0, 12):
    for by in range(0,10):
        block = MySprite()
        block.set_image(block_image, 58, 28, 4)
        x = 40 + bx * (block.frame_width+1)
        y = 60 + by * (block.frame_height+1)
        block.position = x,y
        #read blocks from level data
        num = levels[level][by*12+bx]
        block.first_frame = num-1
        block.last_frame = num-1
        if num > 0: #0 is blank
            block_group.add(block)
```

9.4.3 初始化游戏

在这款游戏中，我们有一个新的函数来管理 Pygame 的初始化，并且加载像位图文件这样的游戏资源。代码突然开始快速地增加，但按照这种方式，理解和修改代码变得更容易。

```
#this function initializes the game
def game_init():
    global screen, font, timer
    global paddle_group, block_group, ball_group
    global paddle, block_image, block, ball

    pygame.init()
    screen = pygame.display.set_mode((800,600))
    pygame.display.set_caption("Block Breaker Game")
    font = pygame.font.Font(None, 36)
    pygame.mouse.set_visible(False)
```

```
timer = pygame.time.Clock()

#create sprite groups
paddle_group = pygame.sprite.Group()
block_group = pygame.sprite.Group()
ball_group = pygame.sprite.Group()

#create the paddle sprite
paddle = MySprite()
paddle.load("paddle.png")
paddle.position = 400, 540
paddle_group.add(paddle)

#create ball sprite
ball = MySprite()
ball.load("ball.png")
ball.position = 400,300
ball_group.add(ball)
```

9.4.4　移动挡板

移动挡板的代码，放到了键盘和鼠标事件中，这些事件负责查看用户何时移动了鼠标。鼠标可以用来向左或向右移动挡板，但是，有些人可能会发现，通过这种方式，游戏很难玩，因为左箭头键和右箭头键也是支持的。有一个叫作 waiting 的标志，它使得球等待玩家启动它。当游戏第一次开始，或者当玩家错过了球（并输掉游戏）的时候，会发生这种情况。当球处于等待状态的时候，鼠标按键或者空格键都可以启动球。

```
#this function moves the paddle
def move_paddle():
    global movex,movey,keys,waiting
    paddle_group.update(ticks, 50)
    if keys[K_SPACE]:
        if waiting:
            waiting = False
            reset_ball()
    elif keys[K_LEFT]: paddle.velocity.x = -10.0
    elif keys[K_RIGHT]: paddle.velocity.x = 10.0
    else:
        if movex < -2: paddle.velocity.x = movex
        elif movex > 2: paddle.velocity.x = movex
        else: paddle.velocity.x = 0
```

```
paddle.X += paddle.velocity.x
if paddle.X < 0: paddle.X = 0
elif paddle.X > 710: paddle.X = 710
```

9.4.5 移动球

游戏中还有两个函数负责管理球。reset_ball()是一个非常简单的函数，它只有一行，但是，让这段的代码变得可复用却很重要，因为这是定义球的速度的地方。只是在一个地方（这个函数中）修改速度，比深入到代码中设置了速度的几个位置去进行修改要好很多。move_ball()函数做了相当多的工作让球正确地移动。球需要根据其速度来移动，并且还会从屏幕边界弹回。并且，如果球落到了挡板的下方，那么一个"球"或"命"就丢掉了，这可能会潜在地结束游戏。

```
#this function resets the ball's velocity
def reset_ball():
    ball.velocity = Point(4.5, -7.0)


#this function moves the ball
def move_ball():
    global waiting, ball, game_over, lives
    #move the ball
    ball_group.update(ticks, 50)
    if waiting:
        ball.X = paddle.X + 40
        ball.Y = paddle.Y - 20
    ball.X += ball.velocity.x
    ball.Y += ball.velocity.y
    if ball.X < 0:
        ball.X = 0
        ball.velocity.x *= -1
    elif ball.X > 780:
        ball.X = 780
        ball.velocity.x *= -1
    if ball.Y < 0:
        ball.Y = 0
        ball.velocity.y *= -1
    elif ball.Y > 580: #missed paddle
        waiting = True
        lives -= 1
        if lives < 1: game_over = True
```

9.4.6 撞击挡板

collision_ball_paddle()函数负责处理球和挡板之间的冲突。球不会只是按照相反的方向从挡板弹开。根据球撞击挡板的位置，它将会以不同的方式反弹开，就像这类游戏的典型情况一样。撞击挡板的左侧，会导致球向左边弹出；而撞击挡板的右侧，会导致其弹向右边，而不管球撞击挡板的时候的是朝着哪个方向移动的。这使得玩家对于球有了更多的控制，而不只是防止其到达屏幕的底端。

```
#this function test for collision between ball and paddle
def collision_ball_paddle():
    if pygame.sprite.collide_rect(ball, paddle):
        ball.velocity.y = -abs(ball.velocity.y)
        bx = ball.X + 8
        by = ball.Y + 8
        px = paddle.X + paddle.frame_width/2
        py = paddle.Y + paddle.frame_height/2
        if bx < px: #left side of paddle?
            ball.velocity.x = -abs(ball.velocity.x)
        else: #right side of paddle?
            ball.velocity.x = abs(ball.velocity.x)
```

9.4.7 撞击砖块

collision_ball_blocks()函数处理球和砖块之间的冲突。更为重要的是，这个函数处理冲突响应，也就是说，在冲突发生之后的事情。我们使用 pygame.sprite.spritecollideany()函数，并且将 ball 和 block_group 作为参数传递，从而会根据整个 block 组来测试球。这个函数中有一些不错的智能处理，这会根据冲突的时候球的位置将球从冲突块弹开。最后，将球的中心与砖块的中心进行比较。如果球是从左边或右边撞击向砖块的，它会沿着 X 方向反弹但是会在 Y 方向继续。如果球是从上方或下方撞击砖块的，它会在 Y 方向上反弹但是在 X 方向上继续。结果并不完美，但如此少量的代码就提供了不错的游戏逻辑。

```
#this function tests for collision between ball and blocks
def collision_ball_blocks():
    global score, block_group, ball

    hit_block = pygame.sprite.spritecollideany(ball, block_group)
    if hit_block != None:
```

```
        score += 10
        block_group.remove(hit_block)
        bx = ball.X + 8
        by = ball.Y + 8

        #hit middle of block from above or below?
        if bx > hit_block.X+5 and bx < hit_block.X + hit_block.frame_width-5:
            if by < hit_block.Y + hit_block.frame_height/2: #above?
                ball.velocity.y = -abs(ball.velocity.y)
            else: #below?
                ball.velocity.y = abs(ball.velocity.y)

        #hit left side of block?
        elif bx < hit_block.X + 5:
            ball.velocity.x = -abs(ball.velocity.x)

        #hit right side of block?
        elif bx > hit_block.X + hit_block.frame_width - 5:
            ball.velocity.x = abs(ball.velocity.x)

        #handle any other situation
        else:
            ball.velocity.y *= -1
```

9.4.8　主代码

Block Breaker 的主程序源代码包含了初始化游戏的调用，将全局变量设置为其初始值，当然还有 while 循环。由于所用到的众多的函数的代码都已经介绍了，主程序代码很容易阅读和修改，我保证你会同意我的看法（与上一章的示例相比较）。

```
#main program begins
game_init()
game_over = False
waiting = True
score = 0
lives = 3
level = 0
load_level()

#repeating loop
while True:
    timer.tick(30)
```

```
ticks = pygame.time.get_ticks()

#handle events
for event in pygame.event.get():
    if event.type == QUIT: sys.exit()
    elif event.type == MOUSEMOTION:
        movex,movey = event.rel
    elif event.type == MOUSEBUTTONUP:
        if waiting:
            waiting = False
            reset_ball()
    elif event.type == KEYUP:
        if event.key == K_RETURN: goto_next_level()

#handle key presses
keys = pygame.key.get_pressed()
if keys[K_ESCAPE]: sys.exit()

#do updates
if not game_over:
    update_blocks()
    move_paddle()
    move_ball()
    collision_ball_paddle()
    collision_ball_blocks()

#do drawing
screen.fill((50,50,100))
block_group.draw(screen)
ball_group.draw(screen)
paddle_group.draw(screen)
print_text(font, 0, 0, "SCORE " + str(score))
print_text(font, 200, 0, "LEVEL " + str(level+1))
print_text(font, 400, 0, "BLOCKS " + str(len(block_group)))
print_text(font, 670, 0, "BALLS " + str(lives))
if game_over:
    print_text(font, 300, 380, "G A M E O V E R")
pygame.display.update()
```

9.4.9 更新 MySprite

在结束之前，还需要对 **MyLibrary.py** 文件做一些修改，以满足本章的项目所需要的游戏逻辑。要对 MySprite 类进行一些更新，以使其更容易使用一些，同时为其提供一个重要的优化，以减少内存的使用。当创建 MySprite 类的时候，它只有一个简单的 load() 方法用来将位图加载到 master_image 图像中。现在，我们需要一种方法来回收众多精灵对象所共享的一个图像。在本章中的 Block Breaker 游戏的例子中，我们每一关拥有大约 100 块砖。把 blocks.png 加载到每一个单个的砖块中，将是一种极大的内存浪费，更不要提这需要花一些时间来启动了。因此，我们将修改 MySprite 以支持图像共享。对 load() 进行一些修改，并且添加一个名为 set_image() 的新的方法。

```python
def load(self, filename, width=0, height=0, columns=1):
    self.master_image = pygame.image.load(filename).convert_alpha()
    self.set_image(self.master_image, width, height, columns)

def set_image(self, image, width=0, height=0, columns=1):
    self.master_image = image
    if width==0 and height==0:
        self.frame_width = image.get_width()
        self.frame_height = image.get_height()
    else:
        self.frame_width = width
        self.frame_height = height
        rect = self.master_image.get_rect()
        self.last_frame = (rect.width//width)*(rect.height//height)-1
    self.rect = Rect(0,0,self.frame_width,self.frame_height)
    self.columns = columns
```

还要对 MySprite 进行一点修改。这一修改针对 update() 方法，并且是一次较小的 bug 修复。最初的 update() 方法只是使用定时器来修改动画帧。当范围（first_frame 和 last_frame）改变的时候，这个 bug 会出现，还是没有修改帧变量。

```python
def update(self, current_time, rate=30):
    if self.last_frame > self.first_frame:
        #update animation frame number
        if current_time > self.last_time + rate:
            self.frame += 1
            if self.frame > self.last_frame:
                self.frame = self.first_frame
            self.last_time = current_time
    else:
        self.frame = self.first_frame
```

9.5 小结

本章介绍了当需要创建和使用列表或元组数据的时候，Python 展现了其多才多艺的一面。本章的 **Block Breaker** 游戏还展示了如何将这些概念付诸实际应用。

挑战

1. Block Breaker 游戏有很大的改进潜力，我们应该从哪里开始呢？当然，从新的游戏关卡开始。在源代码列表的顶部，将新的关卡添加到名为 levels 的元组中，从而给游戏添加新的关卡。

2. 游戏的背景颜色很烦人，只是简单的暗蓝色。对于背景颜色，有很多事情可做，从而让游戏变得更有趣并且更好看。添加一个 alpha 颜色循环，从而让背景颜色随着游戏的进行而逐渐淡入淡出，怎么样？

3. 球不会改变速度，这会导致游戏看上去像是在消磨时间，不会给玩家带来足够的挑战性。添加一个元素，使用一个随机数，使得每次球撞击挡板的时候，其速度都会有一些变化，从而增加游戏的不可预测性。

第10章
计时和声音：Oil Spill 游戏

计时并不一定是与游戏中的声音效果或音乐密切相关的一个主题，但是，这些都将在本章中用来开发一款非常有趣的游戏。本章的项目是 Oil Spill 游戏。在学习计时和新的游戏逻辑概念的同时，我们还将学习如何加载和播放声音文件。

在本章中，我们将学习：

◎ 使用 Pygame 混合器来加载和播放声音；

◎ 使用备份缓存以更好地控制绘制；

◎ 创建名为 Oil Spill 的快速运行的街机游戏。

10.1 Oil Spill 游戏简介

Oil Spill 游戏如图 10.1 所示。在这款游戏中，玩家必须要使用发射出高压水流的水枪

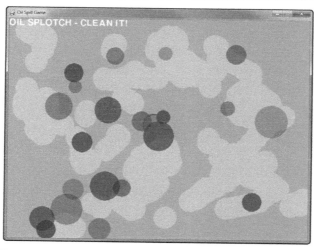

图 10.1 Oil Spill 游戏使用计时和声音来得到有趣的游戏逻辑

将泄露到污染区域的油污冲洗干净。至少，理论上是可行的。实际上，我们只是使用鼠标来点击油污以清除它。这款游戏使用颜色 alpha 通道操作以擦除掉油污，并且这在用户输入以及编程逻辑中是一种好的做法。

10.2 声音

我们打算使用的音频系统，包含在 Pygame 的 **pygame.mixer** 模块中。我们将学习如何加载一个音频文件以创建一个音频剪辑，然后在游戏中播放该剪辑。Pygame 提供了一些高级的功能来控制音频播放的声道，控制声音的混合，甚至能够产生声音。Pygame 并不总是初始化音频混合器，因此，最好自己初始化它，以保证在试图加载和播放文件的时候程序不会崩溃。唯一的需要是调用一次：

```
pygame.mixer.init()
```

10.2.1 加载音频文件

我们使用 pygame.mixer.Sound()类来加载和管理音频对象。Pygame 支持两种音频文件格式：未压缩的 WAV 和 OGG 音频文件。对于无许可问题的 MP3 文件来说，OGG 是一个很好的替代格式。如果想要在商业游戏中使用 MP3，必须要有许可的 MP3 技术。OGG 提供了类似的品质和无许可的压缩。因此，OGG 是游戏中长时间运行的音乐的好的选择。当然，我们也可以将 OGG 用于常规的短时间的声音效果。

将 WAV 用于较短的音频文件，而将 OGG 用于较长的音频文件，这样的做法更为常见。然而，这完全取决于你自己。因为 WAV 文件必须是未压缩的，你不能加载使用特殊的编码器所创建的任何 WAV 文件。因为 WAV 文件是未压缩的，如果文件的长度超过几秒钟的话，文件就会很大了。由于大小问题，对于长度超过数秒钟的音频文件来说，推荐使用 OGG 格式。

```
audio_clip = pygame.mixer.Sound("audio_file.wav")
```

如果你拥有某些格式的音频文件（如 WAV 或 MP3），想要将其转换为 OGG 以便使用该格式，你需要使用一个音频转换器来转换文件。免费软件的一个很好的例子是 Audacity，它拥有高级的音频编辑功能。可以从 http://audacity.sourceforge.net 下载该软件。

10.2.2　播放音频剪辑

pygame.mixer.Sound()构造函数返回一个 Sound 对象。该类所拥有的几个方法中，有两个是 play()和 stop()。它们很容易使用，但是我们打算使用 Sound 进行播放，只是为了加载和存储音频数据。要播放声音，我们打算使用 pygame.mixer.Channel。这个类比 Sound 提供了更加多种多样的播放的功能。

Pygame 音频混合器在内部处理频道，因此，我们需要做的是请求一个可用的频道。

```
channel = pygame.mixer.find_channel()
```

这将会请求一个未使用的频道，并将其返回以供我们使用。如果没有可用的频道，那么，混合器会返回 None。由于这可能是一个问题，如果想要覆盖默认的行为的话，那么，给 find_channel()传递 True 以迫使它返回可用的最低优先级的频道。

```
channel = pygame.mixer.find_channel(True)
```

一旦有了频道，可以使用 Channel.play()方法来播放一个 Sound 对象。

```
channel.play(sound_clip)
```

 Sound 和 Channel 类都有一些额外的功能，可以通过 Pygame 官网的在线 Pygame 文档来了解这些功能。

10.3　构建 Oil Spill 游戏

Oil Spill 游戏在颜色操作方面是一种有趣的体验，随着用户用鼠标"清除"油污，会使得油污消失。这款游戏应该叫作"污点清洁工"，并且颜色可以修改为"油污清洁"相关的任何主题形式。

10.3.1　游戏逻辑

油污块实际上是精灵，每一个都是作为一个底层的 pygame.sprite.Sprite 创建的，并且通过 pygame.sprite.Group 存储在一个精灵组中。从 MySprite 继承了一个定制的类，用来添加游戏所需的一些新的功能，但是，它们与基于 MySprite 对象的 pygame.sprite.Sprite 不同。这里没有来源图片，圆圈在加载的时候绘制到精灵图像之上。

定时

　　定时在 **Oil Spill** 游戏中很重要。每过一秒，新的油污精灵都会添加到一个组中，该组会绘制到屏幕上的随机位置。每个油污精灵都有一个随机的半径，以便片刻之后，屏幕真的看上去像是滴满了油污。技巧是，每秒钟只添加一次新的油污精灵，使用定时来做到这一点。做到这一点还有几种方法，但是，可能最容易的方法就是使用一个毫秒定时器。首先，我们创建一个初始时间：

```
last_time = 0
```

　　然后，任何时候只要达到了一秒钟的间隔，使用 **pygame.time.get_ticks()** 来更新这个初始时间值：

```
ticks = pygame.time.get_ticks()
if ticks > last_time + 1000:
    add_oil()
    last_time = ticks
```

　　关键是，当定时事件发生的时候，保留当前的时间刻度值。如果刻度值没有保存到 **last_time** 中，那么，它只是发生一次并且不会再次发生。

油污

　　当鼠标光标在屏幕上移动，我们通过 **pygame.sprite.collide_circle_ratio()** 使用基于圆形的冲突检测来判断鼠标光标何时位于一个油污精灵之上。图 **10.2** 显示了当光标位于这样一个精灵之上的时候的游戏逻辑。

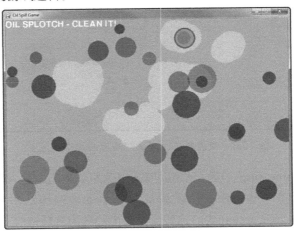

图 10.2　使用鼠标光标来标识屏幕上的油污点

油污精灵有一个在内存中创建的定制图像（不会从一个位图文件加载）。该图像上绘制了一个黑色的圆圈，它具有一个随机的半径，以表示单个的油污。

```
image = pygame.Surface((oil.radius,oil.radius)).convert_alpha()
image.fill((255,255,255,0))
oil.fadelevel = random.randint(50,150)
oil_color = 10,10,20,oil.fadelevel
r2 = oil.radius//2
pygame.draw.circle(image, oil_color, (r2,r2), r2, 0)
oil.set_image(image)
```

清除油污

通过点击油污点上的鼠标，就会有"清除"油污的效果，因为黑色的圆圈淡出，就好像油污清除了并消失了，如图 10.3 所示。这是通过修改精灵的 **alpha** 通道颜色而做到的，直到其完全看不见。当 alpha 值达到 0 的时候，从精灵组中删除精灵。

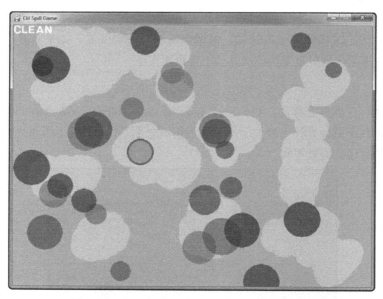

图 10.3 使用鼠标"清洗"油污而清除油污点

也可以通过 pygame.sprite 中的一个组冲突方法来标识出组中的一个油污精灵，但是，我想要对冲突响应多一些控制，以便游戏可以手动地遍历油污精灵组，并且调用 **pygame.sprite.collide_circle_ratio(0.5)**。这使得冲突半径变为常规值的一半，并且让游戏的挑战性加大了一些。

```
for oil in oil_group:
    if pygame.sprite.collide_circle_ratio(0.5)(cursor, oil):
        oil_hit = oil
```

清洗背景

尽管这并不必要，但为了让游戏更有趣一些，在屏幕上点击鼠标光标会导致它看上去像在清除背景。这有助于让玩家甚至在任何油污显示出来之前就感觉到游戏的逻辑。定义了两种颜色：深棕色用于常规的背景，棕色用于清理后的地方：

```
darktan = 190,190,110,255
tan = 210,210,130,255
```

注意，这些颜色添加了第 4 个颜色成分（alpha）。当操作 32 位的颜色的时候，这似乎是必需的。如果在创建颜色的时候没有指定一个 alpha 通道，那么，它随后不可用。

当用户在屏幕上的任何位置点击了鼠标按钮，会绘制一个褐色的圆以帮助玩家体会到需要在游戏中做什么。这也使得游戏更有趣。

```
b1,b2,b3 = pygame.mouse.get_pressed()
mx,my = pygame.mouse.get_pos()
pos = (mx+30,my+30)
if b1 > 0:
    pygame.draw.circle(backbuffer, tan, pos, 30, 0)
```

10.3.2 源代码

Oil Spill 游戏的源代码只有 147 行，一点也不长（包括空白和注释），但是，源代码相当紧凑和高效，因此，我们在这里列出所有的源代码以便于说明。这是一款有趣的游戏，我认为还有一些潜力，可以设计一些游戏逻辑挑战性、添加记分等。

```
# Oil Spill Game
# Chapter 10
import sys, time, random, math, pygame
from pygame.locals import *
from MyLibrary import *
darktan = 190,190,110,255
tan = 210,210,130,255
class OilSprite(MySprite):
    def __init__(self):
        MySprite.__init__(self)
        self.radius = random.randint(0,60) + 30 #radius 30 to 90
```

```
                play_sound(new_oil)

        def update(self, timing, rate=30):
            MySprite.update(self, timing, rate)

        def fade(self):
            r2 = self.radius//2
            color = self.image.get_at((r2,r2))
            if color.a > 5:
                color.a -= 5
                pygame.draw.circle(self.image, color, (r2,r2), r2, 0)
            else:
                oil_group.remove(self)
            play_sound(clean_oil)

#this function initializes the game
def game_init():
    global screen, backbuffer, font, timer, oil_group, cursor, cursor_group

    pygame.init()
    screen = pygame.display.set_mode((800,600))
    pygame.display.set_caption("Oil Spill Game")
    font = pygame.font.Font(None, 36)
    pygame.mouse.set_visible(False)
    timer = pygame.time.Clock()

    #create a drawing surface
    backbuffer = pygame.Surface((800,600))

    backbuffer.fill(darktan)
    #create oil list
    oil_group = pygame.sprite.Group()

    #create cursor sprite
    cursor = MySprite()
    cursor.radius = 60
    image = pygame.Surface((60,60)).convert_alpha()
    image.fill((255,255,255,0))
    pygame.draw.circle(image, (80,80,220,70), (30,30), 30, 0)
    pygame.draw.circle(image, (80,80,250,255), (30,30), 30, 4)
    cursor.set_image(image)
```

```python
    cursor_group = pygame.sprite.GroupSingle()
    cursor_group.add(cursor)

#this function initializes the audio system
def audio_init():
    global new_oil, clean_oil

    #initialize the audio mixer
    pygame.mixer.init() #not always called by pygame.init()
    #load sound files
    new_oil = pygame.mixer.Sound("new_oil.wav")
    clean_oil = pygame.mixer.Sound("clean_oil.wav")

    def play_sound(sound):
        channel = pygame.mixer.find_channel(True)
        channel.set_volume(0.5)
        channel.play(sound)

def add_oil():
    global oil_group, new_oil

    oil = OilSprite()
    image = pygame.Surface((oil.radius,oil.radius)).convert_alpha()
    image.fill((255,255,255,0))
    oil.fadelevel = random.randint(50,150)
    oil_color = 10,10,20,oil.fadelevel
    r2 = oil.radius//2
    pygame.draw.circle(image, oil_color, (r2,r2), r2, 0)
    oil.set_image(image)
    oil.X = random.randint(0,760)
    oil.Y = random.randint(0,560)
    oil_group.add(oil)

#main program begins
game_init()
audio_init()
game_over = False
last_time = 0

#repeating loop
while True:
    timer.tick(30)
    ticks = pygame.time.get_ticks()
```

```
        for event in pygame.event.get():
            if event.type == QUIT: sys.exit()
    keys = pygame.key.get_pressed()
    if keys[K_ESCAPE]: sys.exit()

    #get mouse input
    b1,b2,b3 = pygame.mouse.get_pressed()
    mx,my = pygame.mouse.get_pos()
    pos = (mx+30,my+30)
    if b1 > 0: pygame.draw.circle(backbuffer, tan, pos, 30, 0)

    #collision test
    oil_hit = None
    for oil in oil_group:
        if pygame.sprite.collide_circle_ratio(0.5)(cursor, oil):
            oil_hit = oil
            if b1 > 0: oil_hit.fade()
            break

    #add new oil sprite once per second
    if ticks > last_time + 1000:
    add_oil()
    last_time = ticks

    #draw backbuffer
    screen.blit(backbuffer, (0,0))

    #draw oil
    oil_group.update(ticks)
    oil_group.draw(screen)

    #draw cursor
    cursor.position = (mx,my)
    cursor_group.update(ticks)
    cursor_group.draw(screen)

    if oil_hit: print_text(font, 0, 0, "OIL SPLOTCH - CLEAN IT!")
    else: print_text(font, 0, 0, "CLEAN")
    pygame.display.update()
```

10.4 小结

本章介绍了通过 pygame.mixer 在 Pygame 中实现音频系统，并且介绍了如何在游戏逻辑事件的环境中播放声音文件。一款有趣的 Oil Spill 游戏用作音频展示游戏的背景音乐，但是，它最终还带有较为有趣的颜色和精灵操作代码，以及随后添加的音频。整体来讲，还有一些有价值的概念和有用的源代码。

挑战

1. Oil Spill 游戏还只是一款演示游戏，因为还没有办法打赢游戏或失败。有什么好办法来改进 replay 值而不必使用高分这样的噱头呢？看你是否能够找到一种方法来改进游戏逻辑。可能是逐渐加快添加油污的速度，或者是某种其他的机制。

2. 现在，油污一旦添加到精灵组中就不再移动。一项有趣的挑战是，在油污缓慢地通过屏幕的时候，导致油污"散开"。让精灵移动并且随着其移动在身后留下一条新的油污精灵轨迹，这怎么样？如果你选择使用这一挑战的话，要记住游戏逻辑平衡，因为这将会以指数级别来增加玩家必须清理的油污块的数量。

3. 游戏没有办法确定输赢。至少，统计下油污精灵的数量，当油污太多的时候结束游戏（在 3 分钟的游戏逻辑中，会添加相当大的一个数量，达到 180 块油污，记住，添加的速度是每秒钟一个精灵），并且当达到一个限制值的时候结束游戏。

第11章
编程逻辑：Snake 游戏

本章深入介绍编程逻辑的主题。复杂的游戏如何导致屏幕上的多个对象表现出不同的移动和行为，而不需要编写代码来控制每个对象？有时候，似乎是某些游戏使用了神奇的源代码，因为这里似乎没有任何代码负责考虑游戏中发生什么。怎么可能是这样呢？如果你曾经在学习游戏编程的时候问过这样的问题，那么本章有可能会回答一些这样的问题。我们只能浅尝辄止，因为这是一个复杂的话题。就像计算机科学中的大多数问题一样，存在多个解决方案，而不只是一个。

在本章中，我们将学习：

◎ 如何把复杂数组作为一个列表管理；

◎ 如何使用定时来降低游戏的速度；

◎ 如何添加逻辑使得游戏自行运行。

11.1 Snake 游戏简介

Snake 游戏是一个可以追溯到几十年前的、经典的计算机项目。它用作帮助学生学习程序逻辑的一种方式，因此，作为一个持久不变的游戏概念，它直到今天仍然在很多课堂中保持使用。这款游戏的假设是：你是一条小蛇（或者是蛇头，如果你想要看上去像是那样的话），并且必须吃食物以长大，每吃掉一份食物，蛇自身的长度都会增加。当吃掉了食物之后，另一份食物会在随机的位置添加。蛇将持续长长，直到它无法再在屏幕上移动，然后游戏结束。任何时候，蛇碰到自己身体的某一部分，游戏就会结束。图 11.1 展示了运行中的游戏。

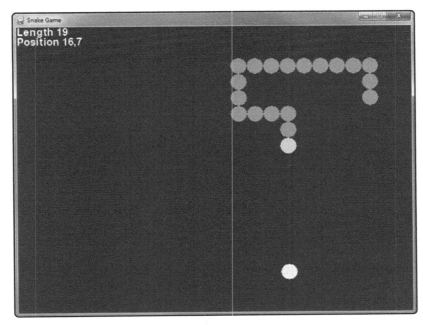

图 11.1　Snake 游戏

11.2　开发 Snake 游戏

我们打算在本章中介绍程序逻辑的同时构建 Snake 游戏，而不是将主题划分为理论和应用两个部分。蛇由一段一段组成，因此，对于面向对象程序员来说，这才可能让类定义派上用场。但是，我们需要一个数组或列表来包含和管理段。真正想构建这些定制的类以便研究程序逻辑的话，这么做可能是有帮助的。像通常那样，我们需要自己的 import 语句以开始：

```
# Snake Game
# Chapter 11
import sys, time, random, math, pygame
from pygame.locals import *
from MyLibrary import *
```

11.2.1　画出蛇来——SnakeSegment 类

蛇的关键部分是一个名为 SnakeSegment 的类, 它派生自 MySprite 类。
让我们快速看看, 然后再回顾其作用:

```
class SnakeSegment(MySprite):
    def __init__(self,color=(20,200,20)):
        MySprite.__init__(self)
        image = pygame.Surface((32,32)).convert_alpha()
        image.fill((255,255,255,0))
        pygame.draw.circle(image, color, (16,16), 16, 0)
        self.set_image(image)
        MySprite.update(self, 0, 30) #create frame image
```

11.2.2　增长蛇——Snake 类

SnakeSegment 类表示蛇的一段, 通过屏幕上的一个小的绿色的圆圈来表示。这
些段就像是一列火车一样连接起来, 每个段都跟在其前面的一个段之后。所有的段
最终都跟在蛇头 (也就是第一个段) 之后。这就使我们得到了 Snake 类。这个类将
段组织了起来, 使得这些段能够按照顺序、从蛇头开始彼此相连。这个类也绘制出
了整条蛇。

```
class Snake():
    def __init__(self):
        self.velocity = Point(-1,0)
        self.old_time = 0
        head = SnakeSegment((50,250,50))
        head.X = 12*32
        head.Y = 9*32
        self.segments = list()
        self.segments.append(head)
        self.add_segment()
        self.add_segment()
    def update(self,ticks):
        if ticks > self.old_time + 400:
            self.old_time = ticks
            #move body segments
```

```
            for n in range(len(self.segments)-1, 0, -1):
                self.segments[n].X = self.segments[n-1].X
            self.segments[n].Y = self.segments[n-1].Y
        #move snake head
        self.segments[0].X += self.velocity.x * 32
        self.segments[0].Y += self.velocity.y * 32

    def draw(self,surface):
        for segment in self.segments:
            surface.blit(segment.image, (segment.X, segment.Y))

    def add_segment(self):
        last = len(self.segments)-1
        segment = SnakeSegment()
        start = Point(0,0)
        if self.velocity.x < 0: start.x = 32
        elif self.velocity.x > 0: start.x = -32
        if self.velocity.y < 0: start.y = 32
        elif self.velocity.y > 0: start.y = -32
        segment.X = self.segments[last].X + start.x
        segment.Y = self.segments[last].Y + start.y
        self.segments.append(segment)
```

Snake 类中的每一行代码都是必需的，但是，最重要的代码行如下所示。

这些代码行导致蛇的"身体"的各个段彼此相连。每次头部沿着玩家指定的方向移动一步的时候，所有的段都会跟着移动。每个段都会替代它前面的那个段，而最前面的头部的段则会沿着 4 个方向之一前进。最终，每个段都是一个精灵，并且每个精灵都使用它自己的位置来进行绘制。每次头部前进一步，都会以一个固定的时间速率前进，然后，所有的段都向前移动一步。

```
#move body segments
for n in range(len(self.segments)-1, 0, -1):
    self.segments[n].X = self.segments[n-1].X
    self.segments[n].Y = self.segments[n-1].Y
```

11.2.3 蛇吃食物——Food 类

还应该有一个叫作 **food_group** 的精灵组，可以用来一次处理多种食物项。这可能会创造一些有趣的游戏逻辑。但是目前，游戏中每次只有一个食物精灵，并且目标是，调整蛇头朝向食物的方向而不要碰到蛇的身体或者屏幕的任何边界。**Food** 类通过创建一个黄色的实心圆圈来表示食物，从而帮助游戏。当然。你可以用定制的图片来替代这一手动绘制的图片，从而使得游戏在视觉上更吸引人，但是，本章的主要目标不是图形而是逻辑。

```
class Food(MySprite):
    def __init__(self):
        MySprite.__init__(self)
        image = pygame.Surface((32,32)).convert_alpha()
        image.fill((255,255,255,0))
        pygame.draw.circle(image, (250,250,50), (16,16), 16, 0)
        self.set_image(image)
        MySprite.update(self, 0, 30) #create frame image
        self.X = random.randint(0,23) * 32
        self.Y = random.randint(0,17) * 32
```

11.2.4 初始化游戏

game_init()函数是 Snake 游戏负责处理初始化的代码。只是要记住，要为你在任何函数中使用的每个全局变量包含一条 **global** 语句，以避免 **bug** 或语法错误。在这款游戏中，我们将要用到而还没有提及的一项技术是备份缓存。实际上，我们在前一章的示例中也使用了备份缓存，但是并没有介绍。备份缓存通过缓存重复的绘制调用，并且随后用整个**surface** 只是向屏幕绘制一次，从而提高了游戏的图形绘制质量。如果屏幕只有一小部分更新的话，看上去似乎有些浪费，并且，通过深入研究 Pygame 的脏矩形渲染功能，有可能进一步优化这一技术，但是，为了简单起见，既然游戏已经运行得够快了，我们坚持现有的方法。

```
def game_init():
    global screen, backbuffer, font, timer, snake, food_group
    pygame.init()
    screen = pygame.display.set_mode((24*32,18*32))
    pygame.display.set_caption("Snake Game")
    font = pygame.font.Font(None, 30)
    timer = pygame.time.Clock()

    #create a drawing surface
    backbuffer = pygame.Surface((screen.get_rect().width, \
        screen.get_rect().height))

    #create snake
```

```
snake = Snake()
image = pygame.Surface((60,60)).convert_alpha()
image.fill((255,255,255,0))
pygame.draw.circle(image, (80,80,220,70), (30,30), 30, 0)
pygame.draw.circle(image, (80,80,250,255), (30,30), 30, 4)


#create food
food_group = pygame.sprite.Group()
food = Food()
food_group.add(food)
```

注意到传递给 **pygame.display.set_mode()** 的那个很奇怪的分辨率值了吗?

```
screen = pygame.display.set_mode((24*32,18*32))
```

为了让蛇以一种一致的方式在屏幕上移动,假设每条蛇段是一个 32×32 的图像,我们必须将屏幕划分成 32×32 的空格或方块构成的一个网格。由于游戏在窗口中运行,而不是在整个屏幕中运行,使用何种分辨率是无关紧要的,并且计算的宽度和高度近似于 800×600(实际上是 800× 576),这使得蛇能够清晰地沿着游戏显示区域的边界移动。使用我们常用的 800×600 的分辨率,导致蛇在每个底边都不能很好地适合于屏幕,如图 11.2 所示。

通过使用横向 24 个“格子”和纵向 18 个“格子”的计算的分辨率,我们已经创建了一个 32×32 的方块,以便蛇能够移动到屏幕上的任何地方。考虑到这点,我们得到了图 11.3 所示的分辨率。

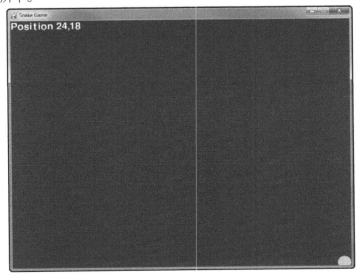

图 11.2 在这个屏幕截图中,窗口不能容纳一个 32×32 的网格

图 11.3　计算的分辨率组成了 32×32 的方块

11.2.5　主程序

主程序代码叫作 game_init()，并且包含了保持程序运行的 while 循环。在列出代码之后，我们再介绍其中的逻辑。

```
#main program begins
game_init()
game_over = False
last_time = 0

#main loop
while True:
    timer.tick(30)
    ticks = pygame.time.get_ticks()

    #event section
    for event in pygame.event.get():
    if event.type == QUIT: sys.exit()
keys = pygame.key.get_pressed()
```

```python
if keys[K_ESCAPE]: sys.exit()
elif keys[K_UP] or keys[K_w]:
    snake.velocity = Point(0,-1)
elif keys[K_DOWN] or keys[K_s]:
    snake.velocity = Point(0,1)
elif keys[K_LEFT] or keys[K_a]:

    snake.velocity = Point(-1,0)
elif keys[K_RIGHT] or keys[K_d]:
    snake.velocity = Point(1,0)


#update section
if not game_over:
    snake.update(ticks)
    food_group.update(ticks)
    #try to pick up food
    hit_list = pygame.sprite.groupcollide(snake.segments, \
        food_group, False, True)
    if len(hit_list) > 0:
        food_group.add(Food())
        snake.add_segment()


#see if head collides with body
for n in range(1, len(snake.segments)):
    if pygame.sprite.collide_rect(snake.segments[0], \
        snake.segments[n]):
        game_over = True


#check screen boundary
x = snake.segments[0].X//32
y = snake.segments[0].Y//32
if x < 0 or x > 24 or y < 0 or y > 17:
    game_over = True
#drawing section
backbuffer.fill((20,50,20))
        snake.draw(backbuffer)
        food_group.draw(backbuffer)
        screen.blit(backbuffer, (0,0))

 if not game_over:
     print_text(font, 0, 0, "Length " + str(len(snake.segments)))
```

```
        print_text(font, 0, 20, "Position " + str(snake.segments[0].X//32)+ \
                    "," + str(snake.segments[0].Y//32))
    else:
        print_text(font, 0, 0, "GAME OVER")

    pygame.display.update()
```

11.2.6 通过吃食物而长长

通过每次在用户指定的方向上（通过箭头键或 W-A-S-D 键）把蛇移动 32 个像素，从而让游戏运行。当添加了一个新的蛇段的时候，会考虑这个方向。在 Snake 类中可以找到这个方法。注意，当估算新的"尾巴"应该添加到蛇末尾的何处的时候，需要考虑蛇头的方向：

```
def add_segment(self):
    last = len(self.segments)-1
    segment = SnakeSegment()
    start = Point(0,0)
    if self.velocity.x < 0: start.x = 32
    elif self.velocity.x > 0: start.x = -32
    if self.velocity.y < 0: start.y = 32
    elif self.velocity.y > 0: start.y = -32
    segment.X = self.segments[last].X + start.x
    segment.Y = self.segments[last].Y + start.y

    self.segments.append(segment)
```

当蛇吃食物的任何时候，会调用这个方法。这发生在主代码中的 while 循环下，通过一次调用 pygame.sprite.groupcollide() 而实现。注意，即便 Snake.segments 定义为一个列表，它仍然像是一个 pygame.sprite.Group 一样工作，因为 Group 派生自一个列表。因此，蛇的每一个段都会和 food_group 列表进行比较。注意，groupcollide() 函数不会删除蛇段，但是，它会删除食物（通过 fourth 参数）。如果发生一次碰撞，会添加一个新的 Food 项，并且会添加一个新的蛇段。这段冲突代码能够有效地保持食物远离开蛇的身体。尽管舌头是唯一的能够"吃"食物的精灵，如果在蛇的身体所占的空间上添加一个食物精灵，食物会自动消耗并且蛇会长长。这会被看作是一个 bug，但是它终究是在屏幕上的有效位置添加一个新的食物的一种简单方法。图 11.4 展示了吃某些食物的蛇。

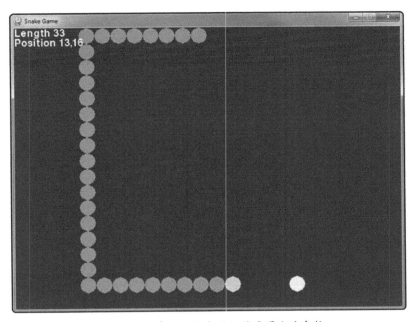

图 11.4 这条已经变大的蛇将要再次吃食物

```
#try to pick up food
hit_list = pygame.sprite.groupcollide(snake.segments, food_group, False, True)
if len(hit_list) > 0:
    food_group.add(Food())
    snake.add_segment()
```

11.2.7 咬到自己是不明智的

代码的其他两个部分从逻辑的观点来看是很重要的。首先，我们检查了当蛇头与蛇身体的其他部分冲突的情况。注意第一个精灵是 **snake.segments[0]**，这是蛇头（添加到列表中的第一个 SnakeSegment 对象）。接下来是 **snake.segments[n]**，它表示蛇的身体的每一段。如果蛇头在任何时刻触及蛇身体的其他部分，游戏结束。图 11.5 展示了这种情况。

```
#see if head collides with body
for n in range(1, len(snake.segments)):
    if pygame.sprite.collide_rect(snake.segments[0], snake.segments[n]):
    game_over = True
```

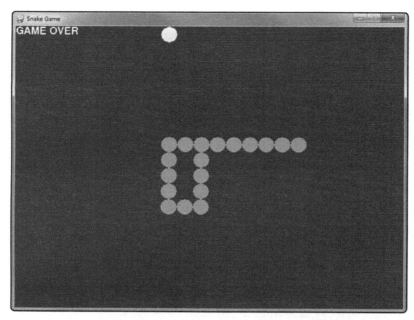

图 11.5 蛇头不应该碰到蛇的身体

11.2.8 跌落世界之外

程序逻辑的下一个重要的问题就是，测试蛇跑出屏幕边界之外的条件。这是导致游戏失败的另一种方式。注意，蛇头的位置是以像素精度来维护的，但是程序逻辑针对这一逻辑使用了 32×32 个方块的一个网格。

```
#check screen boundary
head_x = snake.segments[0].X//32
head_y = snake.segments[0].Y//32
if head_x < 0 or head_x > 24 or head_y < 0 or head_y > 17:
    game_over = True
```

11.3 教蛇学会自己移动

既然已经有了完整的游戏逻辑可供使用，我们可以进入到本章的真正充实的内容部分，即程序逻辑。这段代码并不是很简单。蛇仍然会通过这段自动化的代码，碰到自己的身体段。但是，这是基本的程序逻辑中很好的实践，并且在向食物移动方面它确实做得不错。图 11.6 展示了以"自动"模式运行的游戏。

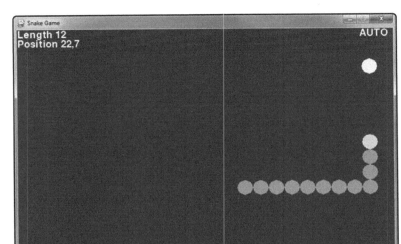

图 11.6 教会蛇自己寻找食物

11.3.1 自动移动

让蛇在游戏中自动移动（通过空格键触发），有两个目标。第一个目标是向食物移动，第二个目标是让蛇尝试转身并碰到自己。我们定义了一个名为 **auto_move()** 的函数，它将会在其他辅助函数的帮助下，实现这两个基本的目标。

```
def auto_move():
    direction = get_current_direction()
    food_dir = get_food_direction()
    if food_dir == "left":
        if direction != "right":
            direction = "left"
    elif food_dir == "right":
        if direction != "left":
            direction = "right"
    elif food_dir == "up":
        if direction != "down":
```

```
                direction = "up"
        elif food_dir == "down":
            if direction != "up":
                direction = "down"

    #set velocity based on direction
    if direction == "up": snake.velocity = Point(0,-1)
    elif direction == "down": snake.velocity = Point(0,1)
    elif direction == "left": snake.velocity = Point(-1,0)
    elif direction == "right": snake.velocity = Point(1,0)
```

 在为 Snake 游戏添加了修改之后，使用空格键来切换自动模式。

11.3.2 获得当前方向

第一个辅助函数名为 **get_current_direction()**。它是这样工作的，查看第一个蛇段，看看它是否与蛇头相关。根据这第一条蛇段，它会告诉我们蛇移动的方向。再一次，逻辑并不完美，但是，如果创造一条完美的蛇，将会陷入一些复杂的难以置信的代码，并且很难以编写。让蛇在某一点围绕自己身体移动的代码，一开始看上去就像是实时的策略游戏中所能见到的超级复杂的路径寻找代码。在这里，我们肯定没有时间这么做，即便学习如何做到那样的过程真的较为简单。但是，我认为仅仅对于一款贪吃蛇游戏来说，这有点太过复杂了。因此，根据一个蛇段，我们找到蛇头移动的方向并返回该方向。

```
def get_current_direction():
    global head_x,head_y
    first_segment_x = snake.segments[1].X//32
    first_segment_y = snake.segments[1].Y//32
    if head_x-1 == first_segment_x: return "right"
    elif head_x+1 == first_segment_x: return "left"
    elif head_y-1 == first_segment_y: return "down"
    elif head_y+1 == first_segment_y: return "up"
```

11.3.3 朝着食物移动

第二个自动的辅助函数名为 **get_food_direction()**。就像其名称所示，它返回了蛇应该移动以获取食物的方向，而不管它会遇到什么。它只知道用什么方式能够获得食物。首先，检查水平（X）坐标。一旦蛇在水平方向上和食物对齐了，它告诉蛇向上或向下移动以获取食物。

```
def get_food_direction():
    global head_x,head_y
    food = Point(0,0)
    for obj in food_group:
        food = Point(obj.X//32,obj.Y//32)
    if head_x < food.x: return "right"
    elif head_x > food.x: return "left"
    elif head_x == food.x:
        if head_y < food.y: return "down"
        elif head_y > food.y: return "up"
```

11.3.4 其他代码修改

我们还做了一些额外的修改，以便让 Snake 游戏进入自动运行的模式。让我们在这里回顾一下变化。只有少许的变化。在 Snake 类中，找到如下的 **update()** 方法，并且把变化标记出来。这使得蛇在进入到"自动模式"的时候，移动得如此之快。在自动模式的时候，让蛇加快速度，可以让游戏变得更为有趣，尽管这么做不是绝对必要的。

```
def update(self,ticks):
    global step_time #additional code
    if ticks > self.old_time + step_time: #modified code
```

主程序代码段之后，**while** 循环之前，添加如下代码段以启动自动播放模式。

```
auto_play = False #additional code added
step_time = 400
```

在 While 循环中，在靠近按键处理代码的顶端的地方，给按键处理程序添加如下内容。

```
elif keys[K_SPACE]: #additional code added
```

```
if auto_play:
    auto_play = False
    step_time = 400
else:
    auto_play = True
    step_time = 100
```

最后的改变，位于 **while** 循环末尾的 **if not game_over:**代码块中：

```
#additional code added
if auto_play: auto_move()
```

11.4　小结

本章介绍了如何编写基本的程序逻辑来解决问题。**Snake** 游戏是学习程序逻辑的很好的练习，因为我们能够让蛇自动地朝向食物移动。这一逻辑并不完美，并且，蛇将会很容易碰到自身，但是，它尝试并且做了不错的工作。

挑战

　　1.　Snake 游戏有很大的潜力，这就是为什么几乎全世界的计算机科学教师都喜欢这个游戏，因为这是操作数组以及使用程序逻辑解决问题的时候的一个艰难挑战。让我们把游戏变得对玩家来说容易一些。每次不要只是给出一个食物，而是添加更多的食物精灵。

　　2.　这一挑战比较容易：修改 SnakeSegment 类，以便每个段都有一个带某种颜色的阴影。让蛇变得有颜色，但是它们保持在一定的"颜色带"中，从而看上去不会那么随机。你能让蛇看上去像是响尾蛇，或者王蛇，或眼镜蛇吗？

　　3.　这个挑战真的有点难度，因此，要多留意：修改游戏以便游戏窗口变成现在的 4 倍那么大。要做到这一点，针对每个方块，格子的大小需要从 32×32 修改为 16×16。这将会使得网格的宽度和高度都变成原来的两倍。蛇身体段也必须修改，以使其也变为目前的大小的四分之一。这会留出很大的游戏空间。

第 12 章

三角函数：Tank Battle 游戏

在本章中，我们将学习三角数学的实际应用，从而使得精灵旋转、沿着任意方向移动，并且"朝着"屏幕上的一个目标点。本章的主题我们在第 6 章中介绍过，其中，我们使用三角数学使得太空飞船沿着围绕行星的一个模拟轨道旋转。在游戏编程中，三角数学是很强大的一个概念，因此，我们将在这里进一步介绍它并学习使用它的新的方法。

我们将学习：

◎ 使用三角数学来计算任意角度的速率；

◎ 让坦克上的大炮指向一个目标位置；

◎ 创建一个易于消灭的、真正的计算机无声 A.I. 坦克。

12.1 Tank Battle 游戏简介

Tank Battle 游戏如图 12.1 所示，其中的坦克可以旋转并沿着任意的方向前进或后退（通

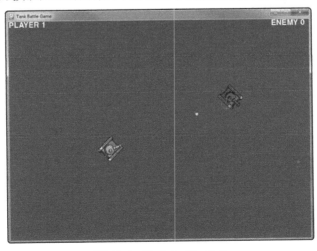

图 12.1 Tank Battle 游戏

过应用角速率，这是最强大的游戏编程工具之一）。此外，坦克的炮塔独立于坦克底盘而移动，由一个十字光标所表示的鼠标来控制。玩家必须用箭头键或 W-A-S-D 键来操作坦克，并且使用鼠标来向敌人的坦克开炮。在 Tank Battle 游戏中，角色表现出有趣的游戏逻辑，如图 12.1 所示。直接使用鼠标，把光标指向你想要开火的方向，然后，炮塔不仅会跟随着十字光标旋转，而且会朝着相同的方向开火。

12.2　角速率

角速率描述了对象移动的速率（或速度），通过 X 和 Y 项来表示，沿着围绕对象 360 度的任何一个方向进行。这个速度是根据当前的角度或者对象所面对的方向来计算的，0 度表示正北方向（向上），90 度表示正东（向右），180 度表示正南（向下），270 度表示正西（向左）。然而，这个速度并不仅限于这 4 个主要方向，因为我们可以以任意角度来计算角速率，从 0 到 359.999 度，没错，小数的角度也可以使用。一个带小数的角度，如 10.5，表示 10 度和 11 度之间的一个角度。实际上，三角函数产生的值中，角度 0 指向了右边（正东）而不是上方（正北），因此，在旋转一个精灵之前，我们从角度中减去 90 度以进行调整。

Pygame 针对精灵旋转使用角度。当针对目标使用诸如 math.atan2()这样的三角函数的时候，确保使用 math.degrees()函数将最终的弧度角度转换为角度，然后再使用它来旋转精灵。

12.2.1　计算角速率

我们已经看到了针对角速率的三角数学计算（参见第 6 章），但是，我们正式介绍它，这包括如下一些计算：

```
Velocity X = cosine( radian angle )
Velocity Y = sine( radian angle )
```

在 Python 中，我们可以像下面这样编写它。注意，这里使用了定制的 Point 类，它是返回类型。

```
# calculates velocity of an angle
def angular_velocity(angle):
```

```
vel = Point(0,0)
vel.x = math.cos( math.radians(angle) )
vel.y = math.sin( math.radians(angle) )
return vel
```

12.2.2 Pygame 笨拙的旋转

我们在第 5 章中初次学习了如何旋转精灵，其中我们开发了一个程序，它显示了一个模拟的时钟，带有旋转的指针。旋转一个不移动而只是固定在一个位置的精灵真的很容易。当你需要移动精灵并且旋转它的时候，就成一个问题了。当精灵旋转的时候，Pygame 无法根据变化正确地调整图像大小。看一下图 12.2。这是 Tank Battle 游戏的一个早期版本，其中一个坦克底座（没有炮塔）用作一个示例的精灵。注意在左上角打印出来的值。第 3 行显示了基本的精灵图像的边界矩形（坦克底座）。根据这些数字，帧的大小应该是 50×60，其中心点位于（25,30）。

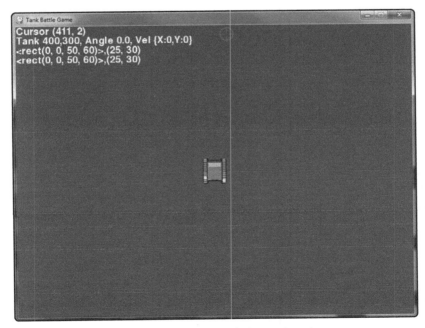

图 12.2 不带旋转的精灵的边界矩形

现在，将这些数字与图 12.3 显示的数字进行比较。当该精灵旋转 50 度的时候，边界矩形变为 78×76，中心点为（39,38）。这是常规的旋转情况。当一个方形图像旋转的时候，对角线上的四个角，比常规情况需要更多的空间。结果，图像增大了 28×16 个像素，并且中心点也相应地移动。对我们来说，遗憾的是，**Pygame** 不能够像常规的精灵旋转算法一样（就像我们在很多其他的精灵库中所见到的那样，如 **Allegro**、**DirectX**、**XNA** 等中所处理的精灵）考虑这个问题。但是，不管怎样，我们可以以自己调整精灵，只是需要一些额外的工作，**Python** 给人们的印象是一种很快并且易于使用的语言，但在这里却令人遗憾。

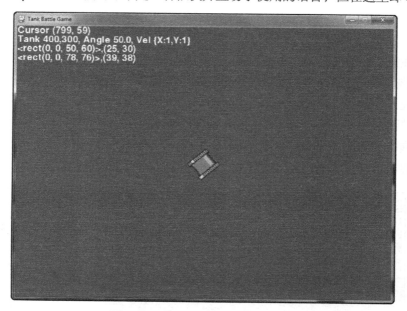

图 12.3　带旋转的精灵的边界矩形

带旋转的精灵的边界矩形的解决方案是，根据常规图像到旋转的图像的大小变化的量，来移动图像。我们可以在 **MySprite** 类中内部地修改图像的属性，以使 **self.image** 表示位于调整后的位置的一个旋转精灵，然后，允许 **pygame.sprite.Sprite** 和 **pygame.sprite.Group** 继续为我们绘制图像。但是，和我们自己控制更新和绘制过程相比，这最终需要更多的工作。因此，我们在这里采用后一种方式。让我们看看如何做到这点。

首先，我们需要用于旋转的一个草图。我们称之为草图，你可以将其命名为 **rotated_image** 以更具有描述性。我们选择创建派生自 **MySprite** 的一个新的类，而不是修改 **MySprite**，将这个新的类命名为 **Tank**。

12.2.3　以任意角度前后移动坦克

角速率的作用远远不只是沿任意方向移动子弹或箭。我们还可以使用它，根据用户的输入来向前或向后移动一个游戏对象（如坦克）。这才是游戏逻辑变得真正有趣的地方。我们可以真正地向左或向右旋转游戏精灵，然后，根据其所指向的方向向前或向后移动精灵。对于诸如汽车和坦克这样的交通工具来说，这真是太好了，因为这使得它们的移动更逼真。我们甚至可以让一个精灵在其移动的任何方向上减速。在太空战斗游戏中，我们已经使用这一技术取得了很好的效果，其中飞船可以沿着任意方向旋转，并且在仍然保持朝着该方向移动的同时开火。如果想要开发一款科幻游戏，例如类似 Asteroids 的游戏，你将能够使用本章所教授的技术。此外，这里再次将 target_angle() 函数添加到前面各章所用到的 MyLibrary 中：

```python
# calculates angle between two points
def target_angle(x1,y1,x2,y2):
    delta_x = x2 - x1
    delta_y = y2 - y1
    angle_radians = math.atan2(delta_y,delta_x)
    angle_degrees = math.degrees(angle_radians)
    return angle_degrees
```

我们可以使用这个函数，带上坦克的旋转角度，使得 Tank Battle 游戏中我们的某一辆坦克沿着任意的角度向前或向后移动。现在，这应该也可以用来移动敌人的坦克，但是，敌人的坦克将会只沿着一个方向移动，并且只是向前开火（不会旋转炮塔）。如果想要让敌人的坦克也能旋转炮塔，并且更逼真地移动，这可以作为对游戏的一次很好的升级（参见本章末尾的挑战部分）。

将此函数投入使用，它会产生一个角度，我们可以立即将其用在游戏逻辑代码中。首先，我们得到了速度，然后，使用该速度更新精灵的位置。唯一的问题是，pygame.sprite.Sprite（我们的 MySprite 类派生自它）针对精灵的位置（实际上是一个 Rect）使用整数属性。这就完成了速度代码。遗憾的是，我们必须为这个小问题编写一个解决方案。方案是给我们自己的新的定制类（名为 Tank）添加一个新的属性，其名为 float_pos。我们只是确保：在绘制之前，使用该值来更新 MySprite.position。

```python
self.velocity = angular_velocity(angle)
self.float_pos.x += self.velocity.x
self.float_pos.y += self.velocity.y
```

尽管这么做是可能的，Tank Battle 游戏只是保持坦克按照一个稳定的速度向前移动，以简化游戏逻辑。在测试的过程中，我们发现，让玩家一次性地，使用鼠标光标发现目标并期望完成对坦克的旋转和移动，对他们要求有点太高了。相反，坦克向前移动的时候，你可以向左或向右转。

如果有任何疑问，打开 **MyLibrary.py** 文件并看看 Sprite 是如何处理更新和位置属性的。

12.2.4 改进角度折返

在向 **MyLibrary.py** 添加新的代码的同时，这里还对 **wrap_angle()** 做出较小的调整，使得角度为负值的时候对其进行折返：

```
# wraps a degree angle at boundary
def wrap_angle(angle):
    return abs(angle % 360)
```

12.3 构建 Tank Battle 游戏

我认为现在有了足够的信息可以开始编写 Tank Battle 游戏了。这是本书到目前为止，最为复杂的一款游戏了。复杂性不仅在于游戏本身的复杂，即游戏逻辑的复杂，而且在于当 Pygame 不能很好地以符合逻辑的方式处理事务的时候，我们必须编写大量的解决方案代码，让精灵正确地行动。事实就是如此。我们只是需要学习这些解决方案如何工作，并且意识到最终所出现的任何问题。

12.3.1 坦克

到目前为止，游戏中最大的类就是 Tank 类。Tank 类很大的原因在于，它是完全自包含的。这里负责初始化和逻辑的所有代码都在类中，包含游戏逻辑代码，而不是位于主程序之外。Tank.update() 函数是目前为止我们所见过的最大的一个函数。这个类主要针对玩家的坦克而设计，而不是针对敌人的坦克。但是，通过一个名为 EnemyTank 的包装类，可以很容易地将其修改为敌人的坦克。当然，Tank 继承自 MySprite。Tank 的一项有趣的功能是，坦克基座和炮塔彼此独立地旋转，这产生了一些非常有趣的游戏逻辑。方向键或 W-A-S-D 键用来移动坦克，而炮塔使用 target_angle() 来跟踪鼠标光标。在移动坦克的同时，只要将鼠标光标指向目标，炮塔就会自动地指向目标。这一游戏逻辑实际上很有趣。

 本章的游戏中的所有美工图文件，都包含在了资源文件中。

Tank 构造函数

现在让我们来看看 Tank 构造函数。正如所预料的那样，先调用 MySprite 构造函数。既然我们包装了 MySprite 类，为精灵处理图像加载而不是将整个过程交给程序员处理是有意义的（尽管默认的坦克精灵文件名可能已经被替换了）。

```
class Tank(MySprite):
    def __init__(self,tank_file="tank.png",turret_file="turret.png"):
        MySprite.__init__(self)
        self.load(tank_file, 50, 60, 4)v
        self.speed = 0.0
        self.scratch = None
        self.float_pos = Point(0,0)
        self.velocity = Point(0,0)
        self.turret = MySprite()
        self.turret.load(turret_file, 32, 64, 4)
        self.fire_timer = 0
```

坦克更新函数

这是一个很庞大的 update() 函数，但是它真的有一些游戏逻辑代码和类代码。Tank.update() 中的代码处理移动的难题，以便我们的主程序能够保持干净并且容易理解。这里的 update() 代码的第一个部分，为坦克的旋转创建了一个草图。记住，MySprite 已经进行了动画，并且我们的坦克精灵通过 4 帧来实现动画（如图 12.4 所示）。我们从 Ari Feldman 的最初的坦克精灵中删除了炮塔，将两部分分隔开，以便炮塔能够独立于底座来移动。

> **现实世界**
>
> 本章所使用的坦克图画是由 Ari Feldman 创作的。请查看他的站点 http://www.widgetworx.com/widgetworx/portfolio/spritelib.html，了解更多免费的游戏精灵。

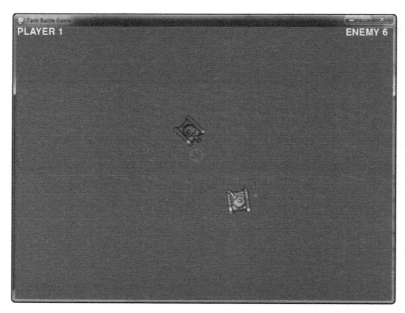

图 12.4　坦克精灵动画的 4 帧

　　炮塔精灵的图像如图 12.5 所示。尽管炮塔有 4 帧图像，但 Tank Battle 游戏只是使用第一帧。如果你想要使用其他的帧，那么对这款游戏来说也是一项有趣的升级，因为如果将开火设计制作成动画的话，炮塔看上去会更逼真。

图 12.5　坦克炮塔有 4 帧动画，但是在这个示例中并没有使用

```
def update(self,ticks):
    #update chassis
    MySprite.update(self,ticks,100)
    self.rotation = wrap_angle(self.rotation)
    self.scratch = pygame.transform.rotate(self.image, -self.rotation)
    angle = wrap_angle(self.rotation-90)
    self.velocity = angular_velocity(angle)
    self.float_pos.x += self.velocity.x
```

```
    self.float_pos.y += self.velocity.y

    #warp tank around screen edges (keep it simple)
    if self.float_pos.x < -50: self.float_pos.x = 800
    elif self.float_pos.x > 800: self.float_pos.x = -50
    if self.float_pos.y < -60: self.float_pos.y = 600
    elif self.float_pos.y > 600: self.float_pos.y = -60

    #transfer float position to integer position for drawing
    self.X = int(self.float_pos.x)
    self.Y = int(self.float_pos.y)

    #update turret
    self.turret.position = (self.X,self.Y)
    self.turret.last_frame = 0
    self.turret.update(ticks,100)
    self.turret.rotation = wrap_angle(self.turret.rotation)
    angle = self.turret.rotation+90
    self.turret.scratch = pygame.transform.rotate(self.turret.image,
        -angle)
```

坦克绘制函数

　　Tank.draw()函数有很多工作要做，因为它必须考虑底座的动画帧以及有问题的炮塔。炮塔精灵真的难以管理。它和底座一起移动（底座是主要的坦克精灵），并且会旋转以朝向鼠标光标。因为瞄准目标所导致的结果与 Pygame 的常规行为有些冲突，我们必须调整精灵的位置，以使其绘制不会影响到精灵的基本位置（否则，在屏幕上会出现抖动或晃动）。

```
def draw(self,surface):
    #draw the chassis
    width,height = self.scratch.get_size()
    center = Point(width/2,height/2)
    surface.blit(self.scratch, (self.X-center.x, self.Y-center.y))
    #draw the turret
    width,height = self.turret.scratch.get_size()
    center = Point(width/2,height/2)
    surface.blit(self.turret.scratch, (self.turret.X-center.x,
        self.turret.Y-center.y))
```

字符串覆盖

　　我们有一个较小的覆盖函数__str__()，以便关于坦克的信息可以很容易地以字符串的形式返回，并且用来打印输出对象的状态以供调试。注意，首先调用了基本的 MySprite 字符串函数，并且只是在其末尾添加了一个额外的值。通过这种方式，我们既拥有了来自 MySprite 的基本信息，也添加了所需的新的属性。

```python
def __str__(self):
    return MySprite.__str__(self) + "," + str(self.velocity)
```

EnemyTank 类

EnemyTank 类派生自 Tank，添加了一些专门的代码以使其更好地工作（简单的 A.I.代码）。敌人的坦克只是沿着一个方向移动，并且每秒钟沿着同样的方向开火一次。这实际上是简化后的行为，但是，我们必须有一个起点，并且游戏中的大多数工作已经投入到玩家的坦克控制中了。因此，这时候把敌人的坦克想象成一个移动飞碟靶，或者一个稍具威胁的移动目标，但是，还有很大的潜力可以将其开发成一个更智能的敌人。

```python
class EnemyTank(Tank):
    def __init__(self,tank_file="enemy_tank.png",turret_file="enemy_turret.png"):
        Tank.__init__(self,tank_file,turret_file)
    def update(self,ticks):
        self.turret.rotation = wrap_angle(self.rotation-90)
        Tank.update(self,ticks)
    def draw(self,surface):
        Tank.draw(self,surface)
```

12.3.2　子弹

游戏中的 Bullet 类带有抛射体管理。该类的外部有 3 个额外的辅助函数，它们使得从任意坦克开火变得很容易做到。

```python
class Bullet():

    def __init__(self,position):
        self.alive = True
        self.color = (250,20,20)
        self.position = Point(position.x,position.y)
        self.velocity = Point(0,0)
        self.rect = Rect(0,0,4,4)
        self.owner = ""
```

```
def update(self,ticks):
    self.position.x += self.velocity.x * 10.0
    self.position.y += self.velocity.y * 10.0
    if self.position.x < 0 or self.position.x > 800 \
        or self.position.y < 0 or self.position.y > 600:
            self.alive = False
    self.rect = Rect(self.position.x, self.position.y, 4, 4)

def draw(self,surface):
    pos = (int(self.position.x), int(self.position.y))
    pygame.draw.circle(surface, self.color, pos, 4, 0)

def fire_cannon(tank):
    position = Point(tank.turret.X, tank.turret.Y)
    bullet = Bullet(position)
    angle = tank.turret.rotation
    bullet.velocity = angular_velocity(angle)
    bullets.append(bullet)
    play_sound(shoot_sound)
    return bullet

def player_fire_cannon():
    bullet = fire_cannon(player)
    bullet.owner = "player"
    bullet.color = (30,250,30)

def enemy_fire_cannon():
    bullet = fire_cannon(enemy_tank)
    bullet.owner = "enemy"
    bullet.color = (250,30,30)
```

12.3.3 主程序代码

既然所有必要的类和函数都已经准备好了，我们可以解决 Tank Battle 游戏的主要的游戏逻辑代码了。这时候，和游戏逻辑代码相比，初始化代码更多，但是我们将会回顾每个部分。

头文件代码

程序的头文件总是帮助看清楚其内容，即便有时候导入列表并没有什么变化。

```
# Tank Battle Game
# Chapter 12
```

```
import sys, time, random, math, pygame
from pygame.locals import *
from MyLibrary import *
```

游戏初始化

我们还是使用 **game_init()** 来初始化 Pygame、显示和全局变量，以帮助组织游戏的源代码，并使其更加可读。只是要确保，在函数的顶部的全局变量定义中，添加任何新的全局变量。

```
#this function initializes the game
def game_init():
    global screen, backbuffer, font, timer, player_group, player, \
            enemy_tank, bullets, crosshair, crosshair_group

    pygame.init()
    screen = pygame.display.set_mode((800,600))
            backbuffer = pygame.Surface((800,600))
            pygame.display.set_caption("Tank Battle Game")
            font = pygame.font.Font(None, 30)
            timer = pygame.time.Clock()
            pygame.mouse.set_visible(False)

            #load mouse cursor
            crosshair = MySprite()
            crosshair.load("crosshair.png")
            crosshair_group = pygame.sprite.GroupSingle()
            crosshair_group.add(crosshair)

            #create player tank
            player = Tank()
            player.float_pos = Point(400,300)

            #create enemy tanks
            enemy_tank = EnemyTank()
            enemy_tank.float_pos = Point(random.randint(50,760), 50)
            enemy_tank.rotation = 135

            #create bullets
            bullets = list()
```

音频函数

Tank Battle 游戏有一个基本的音频系统，形式是两个声音剪辑文件，一个用于发射子弹，另一个用于击中目标。在我们给出的示例中，音频还并没有扮演一个重要的角色，如果说音乐的细节无伤大雅的话，对于产品级的游戏来说，声音非常重要。当然，对于这样一个较小的示例项目，即便较小的声音剪辑已经可以说是对游戏很好的改进了，更不要说专门的图形和游戏逻辑上的展示。

```python
# this function initializes the audio system
def audio_init():
    global shoot_sound, boom_sound

    #initialize the audio mixer
    pygame.mixer.init()

    #load sound files
    shoot_sound = pygame.mixer.Sound("shoot.wav")
    boom_sound = pygame.mixer.Sound("boom.wav")
# this function uses any available channel to play a sound clip
def play_sound(sound):
    channel = pygame.mixer.find_channel(True)
    channel.set_volume(0.5)
    channel.play(sound)
```

游戏逻辑代码

游戏逻辑代码（游戏的主程序代码）如下所示。考虑到坦克相关的游戏逻辑之多的话，这段代码真是相当短，而 Tank 类自身中包含的代码则是很多的。对这里的游戏逻辑代码来说，这是一个好消息，因为任何重复的坦克都不必再手动更新，即便是在一个列表中。要特别注意子弹更新代码，子弹和坦克之间发生的冲突是在这里进行检测的。Bullet 类中有一个名为 Bullet.owner 的标识符，通过将其设置为 "player" 或 "enemy" 来帮助进行冲突检测。没有这一区别的话，很难保证坦克一开火自己就爆炸了。图 12.6 展示了对峙的两辆坦克。玩家的子弹是绿色的，而敌人的子弹是红色。

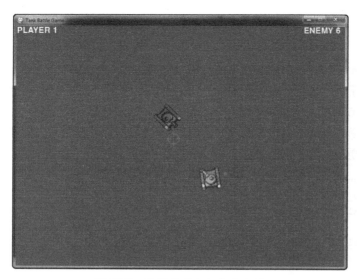

图 12.6　玩家被敌人坦克击中了

```
#main program begins
game_init()
audio_init()
game_over = False
player_score = 0
enemy_score = 0
last_time = 0
mouse_x = mouse_y = 0

#main loop
while True:
    timer.tick(30)
    ticks = pygame.time.get_ticks()

    #reset mouse state variables
    mouse_up = mouse_down = 0
    mouse_up_x = mouse_up_y = 0
    mouse_down_x = mouse_down_y = 0

    #event section
    for event in pygame.event.get():
        if event.type == QUIT: sys.exit()
        elif event.type == MOUSEMOTION:
            mouse_x,mouse_y = event.pos
            move_x,move_y = event.rel
```

```
            elif event.type == MOUSEBUTTONDOWN:
                mouse_down = event.button
                mouse_down_x,mouse_down_y = event.pos
            elif event.type == MOUSEBUTTONUP:
                mouse_up = event.button
                mouse_up_x,mouse_up_y = event.pos

#get key states
keys = pygame.key.get_pressed()
if keys[K_ESCAPE]: sys.exit()
elif keys[K_LEFT] or keys[K_a]:
    #calculate new direction velocity
    player.rotation -= 2.0

elif keys[K_RIGHT] or keys[K_d]:
    #calculate new direction velocity
    player.rotation += 2.0

#fire cannon!
if keys[K_SPACE] or mouse_up > 0:
    if ticks > player.fire_timer + 1000:
        player.fire_timer = ticks
        player_fire_cannon()

#update section
if not game_over:
    crosshair.position = (mouse_x,mouse_y)
    crosshair_group.update(ticks)

#point tank turret toward crosshair
angle = target_angle(player.turret.X,player.turret.Y,
    crosshair.X + crosshair.frame_width/2,
    crosshair.Y + crosshair.frame_height/2)
player.turret.rotation = angle

#move tank
player.update(ticks)

#update enemies
enemy_tank.update(ticks)
if ticks > enemy_tank.fire_timer + 1000:
    enemy_tank.fire_timer = ticks
```

```
            enemy_fire_cannon()

    #update bullets
    for bullet in bullets:
        bullet.update(ticks)
        if bullet.owner == "player":
            if pygame.sprite.collide_rect(bullet, enemy_tank):
                player_score += 1
                    bullet.alive = False
                        play_sound(boom_sound)
                elif bullet.owner == "enemy":
                    if pygame.sprite.collide_rect(bullet, player):
                        enemy_score += 1
                        bullet.alive = False
                        play_sound(boom_sound)

    #drawing section
    backbuffer.fill((100,100,20))

    for bullet in bullets:
        bullet.draw(backbuffer)
    enemy_tank.draw(backbuffer)
    player.draw(backbuffer)
    crosshair_group.draw(backbuffer)

    screen.blit(backbuffer, (0,0))

    if not game_over:
        print_text(font, 0, 0, "PLAYER " + str(player_score))
        print_text(font, 700, 0, "ENEMY " + str(enemy_score))
    else:
        print_text(font, 0, 0, "GAME OVER")

    pygame.display.update()

    #remove expired bullets
    for bullet in bullets:
        if bullet.alive == False:
            bullets.remove(bullet)
```

12.4　小结

本章介绍了如何使用强大的三角函数来使得游戏精灵的行为就像是专业游戏中的精灵一样。我们学习了诸如瞄准目标这样的高级概念，介绍如何将其用于游戏以使得玩家能够旋转坦克的炮塔并指向鼠标光标。即便对于追逐和逃避其他对象、找到绕开障碍的路径等这样较为高级的行为来说，这也是基础知识。

挑战

1. 升级 Tank Battle 游戏以便敌人坦克更像玩家坦克一样移动，即使用旋转和角速率来追逐玩家。

2. 修改敌人的坦克，以便它们能够像玩家的坦克一样，旋转自己的炮塔并开火。这需要一些额外的 A.I.逻辑代码，因此，如果接受这一挑战的话，要准备好做一些额外的工作。

3. 给坦克添加一个"生命值"属性，并且为每一辆坦克绘制一个生命值示意条。每次成功的击中，都会减少坦克的生命值。只有当生命值为零并且坦克被杀死的时候，才会计分。然后，使用完整的生命值在一个新的随机位置重新生成坦克。

第13章
随机地形：Artillery Gunner 游戏

本章介绍如何创建一个随机的、侧视图的地形生成器。地形可以用于很多不同的游戏设计，包括从横向卷轴的移动游戏，到射击游戏等其他游戏。我们将使用地形来开发一款 Artillery Gunner 游戏。该游戏将展示如何真正高效地使用一款高度地图地形系统。

在本章中，我们将学习：

◎ 高度地图地形相关知识；

◎ 如何创建一款很棒的 Artillery Gunner 游戏；

◎ 如何打赢计算机玩家，因为它使用无声 A.I.代码。

13.1 Artillery Gunner 游戏简介

Artillery Gunner 游戏如图 13.1 所示。让我们开始研究它。

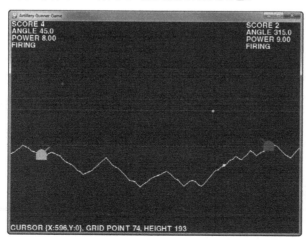

图 13.1 Artillery Gunner 游戏

13.2 创建地形

我们将要关注的第一件事情是游戏的地形系统。当然，这个地形是 2D 的，并且是从侧视图的角度来展现的。地形将会是高度地图点的一个列表，每个地形都表示从屏幕底部向上的一个高度值。尽管屏幕底部位于 600（使用我们默认的 800×600 窗口系统）的位置，这种系统是有效的，因为地形从底部向上绘制而不是从顶部向下绘制。因此，高度值 100 将绘制在屏幕上 Y 坐标为 600-100 或 500 的地方。

13.2.1 定义高度地图

让我们创建高度地图数据，并用小圆圈将其绘制到屏幕上，以感受它是如何工作的。我们将给 Terrain 类的构造函数传递 3 个参数，分别表示最小高度、最大高度和跨越的点的总数（也可以看作是地形的粒度或平滑度）。我们可以将窗口宽度除以点的总数，从而计算出每个点之间的距离。例如，如果有 100 个点，那么，我们将得到每个点之间是 800/100 或 8 个像素。

Terrain 类第一个版本

如下是类的开始，将只是做少量的工作。注意，**height_map** 是包含高度值的列表的名称。

```python
class Terrain():
    def __init__(self, min_height, max_height, total_points):
        self.min_height = min_height
        self.max_height = max_height
        self.total_points = total_points+1
        self.grid_size = 800 / total_points
        self.height_map = list()
        height = (self.max_height + self.min_height) / 2
        self.height_map.append( height )
        for n in range(total_points):
            height = random.randint(min_height, max_height)
            self.height_map.append( height )

    def draw(self, surface):
```

```
for n in range( 1, self.total_points ):
    #draw circle at current point
    x_pos = int(n * self.grid_size)
    pos = (x_pos, height)
    color = (255,255,255)
    pygame.draw.circle(surface, color, pos, 4, 1)
```

绘制地形

我们将编写一个小的测试程序，看看地形在初始阶段看上去是什么样的。代码的结果如图 13.2 所示。在 **game_init()** 中，创建了 **terrain** 对象：

```
#create terrain
terrain = Terrain(100, 400, 20)
```

图 13.2　高度地图地形的初次尝试

在代码的绘制部分，我们调用 terrain.draw()，让其把自身绘制到备份缓存中。然后，进行常见的屏幕更新。

```
#drawing section
backbuffer.fill((20,20,120))
terrain.draw(backbuffer)
```

```
screen.blit(backbuffer, (0,0))
pygame.display.update()
```

连接点

你是否发现，以这种方式查看地形有点令人混淆。它看上去真的很像是一个散布图。如果我们把这些点连接起来，它看上去更像是我们期望的样子。让我们现在就这么做。添加上粗体的线条。

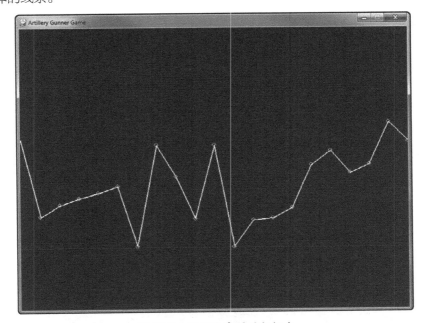

图 13.3 连接高度图的数据点

```
def draw(self, surface):
    last_x = 0
    for n in range( 1, self.total_points ):
        #draw circle at current point
        height = 600 - self.height_map[n]
        x_pos = int(n * self.grid_size)
        pos = (x_pos, height)
        color = (255,255,255)
        pygame.draw.circle(surface, color, pos, 4, 1)
        #draw line from previous point
        last_height = 600 - self.height_map[n-1]
        last_pos = (last_x, last_height)
```

```
pygame.draw.line(surface, color, last_pos, pos, 2)
last_x = x_pos
```

体验一下！尝试不同的高度图随机范围和网格大小，看看会发生什么情况！看看你是否会想到一些有趣的、新的游戏逻辑思路。

此时，建议你按照我说的做，试验一下不同的高度图随机范围和网格大小，看看会发生什么情况。默认的范围是高度 100 ～ 400。尝试不同的值，看看会得到什么结果。例如，图 13.4 展示了从 100 ～ 120 的高度范围并且网格大小为 50 点的时候所产生的高度地图数组。

```
terrain = Terrain(100, 120, 50)
```

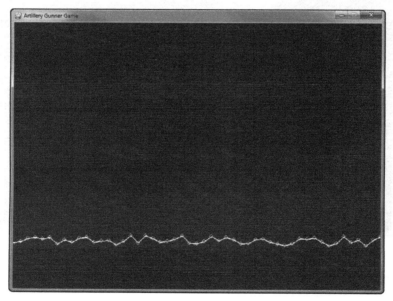

图 13.4　随机范围 100 ～ 120 并且有 50 个点的高度地图

让我们再尝试一下另一个值，如图 13.5 所示。注意，所有这些随机的地形示例都可以在游戏中使用。它们可能无法带给我们很好的粒度来实现特殊的效果，例如在地面上创建火山口，但是不管怎样，它们能够工作。

为了展示地形可以变得多么陡峭，尝试一下这个值。图 13.6 展示了结果。它看上去像是一款音频编辑程序的采样。

```
terrain = Terrain(100, 500, 100)
```

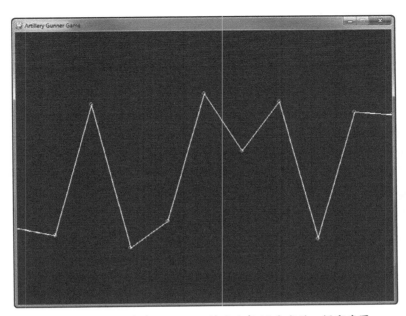

图 13.5 范围分布在 100~500 并且只有 10 个点的一幅高度图

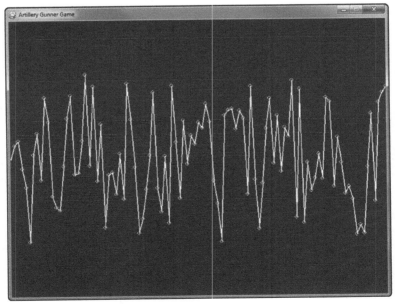

图 13.6 范围分布在 100~500 并且有 100 个点的不规则地形

13.2.2   平滑地形

我们已经有了一个很好的开始，但是，进行手动设置牵涉到太多的工作。我们所需要的是一种可以平滑地形的算法，让地形少一些随机性的表现。做到这一点的方法是（噢，应该说方法之一，因为做到这一点的方法有很多），给每个点一个随机值，表示相对于前一个点的高度上升或下降的量。这会避免陡峭的情况。让我们尝试一下，首先，将地形生成代码移动到构造函数之外，并且放入到一个可复用的方法中，这么做是有帮助的。我们可以在每次停止和重新启动程序的时候都重新生成几次地形，从而体验这种方式。

这也意味着，我们必须每次清除高度地图，这是由列表的构建方式所决定的。

如下是对构造函数做出的修改，还有新的 **generate()** 方法。平滑算法是这样工作的：一个随机的运行长度值，得到一个较小的随机值。在运行过程中，地形将继续沿着相同的基本方向随机地移动（上升或下降）。当运行结束的时候，产生一个新的运行值和方向。这会导致各个点彼此比较接近，去除了我们前面所见到的任意的陡峭的边界，如图 13.7 所示。

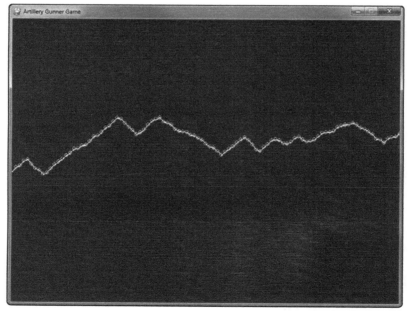

图 13.7   通过新的算法变得平滑了很多的高度地图

```python
def __init__(self, min_height, max_height, total_points):
    self.min_height = min_height
    self.max_height = max_height
    self.total_points = total_points+1
    self.grid_size = 800 / total_points
    self.height_map = list()
    self.generate()

def generate(self):
    #clear list
    if len(self.height_map)>0:
        for n in range(self.total_points):
            self.height_map.pop()

    #first point
    last_x = 0
    last_height = (self.max_height + self.min_height) / 2
    self.height_map.append( last_height )
    direction = 1
    run_length = 0

    #remaining points
    for n in range( 1, self.total_points ):
        rand_dist = random.randint(1, 10) * direction
        height = last_height + rand_dist
        self.height_map.append( int(height) )
        if height < self.min_height: direction = -1
        elif height > self.max_height: direction = 1
        last_height = height
        if run_length <= 0:
            run_length = random.randint(1,3)
            direction = random.randint(1,2)
            if direction == 2: direction = -1
        else:
            run_length -= 1
```

为了展示这一算法的实际效果，这里在图 13.8 中给出了一个新的屏幕截图。将其与前一幅图比较，并且注意所涉及的范围。这一特殊的地形（在两幅图中）的范围都是 50 到 500，并且都包含了 100 个点。体验一下，看看得到了结果有何不同。

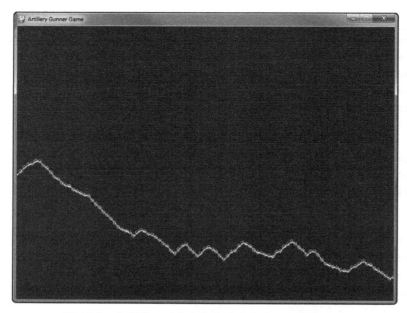

图 13.8　本图展示了在生成中的高度地图的宽度变化

13.2.3　定位栅格点

既然圆圈已经起到了作用，我们可以去除它们并且只是绘制线条。首先，在这么做之前，我们想要展示一些重要的计算。我们需要能够根据屏幕坐标来确定点位于高度图上的何处。做到这一点的关键在于使用 grid_size 属性。这是在 Terrain 构造函数中，根据 total_points 参数来计算的（这是高度图在横跨屏幕时划分的总点数）。较多的总点数，会导致一个具有较小的栅格和更多细节（不那么陡峭）的地形。

要根据光标位置来确定在地形图上的栅格点，我们首先需要通过 MOUSEMOTION 事件来获取当前位置，这是一对名为 mouse_x 和 mouse_y 的整数。然后，根据鼠标的光标的 X 位置来计算栅格点，用其除以地形栅格的大小。

```
grid_point = int(mouse_x / terrain.grid_size)
```

通过将 grid_point 变量声明为全局的，我们可以在 Terrain.draw()方法的修订版本中使用它，以突出显示和鼠标的光标位置对应的地形点。这个点就像是根据光标的 X 位置在地形上移动。很快，游戏所用的高度地图地形也准备好了。在如下修改后的 draw()的中，最初的 pygame.draw.circle() 方法已经注释掉了，另一个方法则插入到了一个条件中。当当前的栅格点是鼠标光标的对应点的时候（通过 grid_point 变量），我们可以将其绘制为一个实心圆圈。结果如图 13.9 所示。

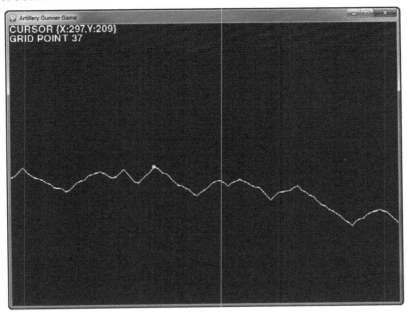

图 13.9 绿色点表示光标位置的地形栅格点

```
def draw(self, surface):
    last_x = 0
    for n in range( 1, self.total_points ):
        #draw circle at current point
        height = 600 - self.height_map[n]
        x_pos = int(n * self.grid_size)
        pos = (x_pos, height)
        color = (255,255,255)
        #pygame.draw.circle(surface, color, pos, 4, 1)
        if n == grid_point:
            pygame.draw.circle(surface, (0,255,0), pos, 4, 0)
        #draw line from previous point
        last_height = 600 - self.height_map[n-1]
        last_pos = (last_x, last_height)
        pygame.draw.line(surface, color, last_pos, pos, 2)
        last_x = x_pos
```

这个辅助方法（在 Terrain 中）将使得计算地形上的任何点的高度变得较为容易。

```
def get_height(self,x):
    x_point = int(x / self.grid_size)
    return self.height_map[x_point]
```

13.3 大炮

既然我们已经得到了地形图上的任意点的高度，我们可以使用该信息来定位大炮了。这种方式将会有效，这里有两个炮，由玩家控制的一个在左边，由计算机控制的一个在右边。它们将分别放置在屏幕的左边界和右边界。

13.3.1 放置大炮

大炮用一个方框和从炮塔伸出来的一条线来表示。我是一名程序员，不是美工。但是，实际上，如果游戏的绘制代码能够很好地工作，你可以用自己想要的位图来替换它。左边的大炮水平地放置在 X 坐标为 70 的位置（玩家控制的大炮），而右边的大炮（计算机控制的大炮）放置在 X 位置为 700 的地方。大炮还没有炮塔，只有一个彩色的方框表示大炮的位置，如图 13.10 所示。

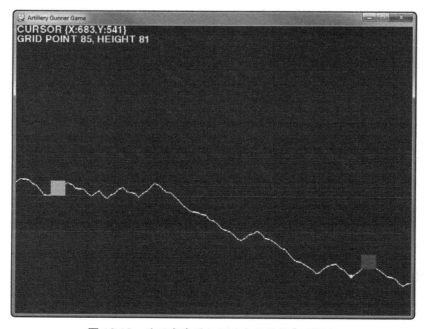

图 13.10 使用高度图数据将大炮放置在地形上

```
def draw_player_cannon(surface,position):
    color = (30,220,30)
    rect = Rect(position.x, position.y, 30, 30)
    pygame.draw.rect(surface, color, rect, 0)

    def draw_computer_cannon(surface,position):
    color = (220,30,30)
    rect = Rect(position.x, position.y, 30, 30)
    pygame.draw.rect(surface, color, rect, 0)
```

13.3.2　绘制炮塔

我们还需要一种方式来记录大炮的两项数据：（1）决定炮弹能够发射多远的火力；（2）炮弹从大炮发射出去的角度。为了让计算机 A.I.简化，我们将给炮塔一个固定的角度，并且，它将使用随机的力度值（或力度范围值）来向玩家开火。稍后我们再来看看代码。首先，让我们绘制炮塔并且让玩家更改角度。我们将只是使用向上和向下的箭头来调整炮塔的角度。如下是新的 **draw_player_cannon()**函数，它使用 **angular_velocity** 来计算炮塔的最终位置。

```
def draw_player_cannon(surface,position):
    #draw turret
    turret_color = (30,180,30)
    start_x = position.x + 15
    start_y = position.y + 15
    start_pos = (start_x, start_y)
    vel = angular_velocity( wrap_angle(player_cannon_angle-90) )
end_pos = (start_x + vel.x * 30, start_y + vel.y * 30)
pygame.draw.line(surface, turret_color, start_pos, end_pos, 6)
#draw body
body_color = (30,220,30)
rect = Rect(position.x, position.y+15, 30, 15)
pygame.draw.rect(surface, body_color, rect, 0)
pygame.draw.circle(surface, body_color, (position.x+15,position.y+15), 15, 0)
```

Draw_computer_cannon()函数的代码是类似的，但是，这个炮塔放置在了另一个方向上（*左边*），并且它是红色而不是绿色的。

13.3.3　发射大炮

我们使用与绘制炮塔类似的代码来发射大炮，因为我们想要炮弹沿着和炮塔相同的角度发射。这部分代码真的需要几个新的全局变量，现在，这些变量是必需的。使用向左和向右的箭头来设置 **player_cannon_power**，其范围从 0.0 到 1.0。当然，**player_cannon_position** 表示玩家的炮弹在屏幕上的位置，并且已经考虑到了高度值。当 **player_firing** 为真的时候，**player_shell_position** 将表示从大炮发射的炮弹的当前位置，否则的话，这段代码无效。只有当空中还没有一个炮弹的时候，玩家才能发射。类似的代码也用于计算机向玩家发射的炮弹。

```
angle = wrap_angle( player_cannon_angle - 90 )
player_shell_velocity = angular_velocity( angle )
player_shell_velocity.x *= player_cannon_power
player_shell_velocity.y *= player_cannon_power
player_shell_position = player_cannon_position
player_shell_position.x += 15
player_shell_position.y += 15
```

13.3.4　让炮弹再飞一会儿

一旦玩家开火，**player_firing** 变量为 True，并且这会导致炮弹（一个绿色的小圆圈）从玩家的大炮发射。类似地，当 **computer_firing** 为 True 的时候，计算机的炮弹会发射一个红色的小圆圈。炮弹的位置像下面这样更新。

```
if player_firing:
    player_shell_position.x += player_shell_velocity.x
    player_shell_position.y += player_shell_velocity.y
```

现在，真正的技巧在于发射炮弹，使用 Y 速率来模拟弧线并使其落到目标之上。炮弹在空中飞行的过程中，Y 速率开始是一个负值（例如-8.0）。这表示每一帧中，炮弹将会移动的像素数。每一帧中，Y 速率都会增加一小点儿。随着时间流逝，Y 速率最终变为 0.0，并且炮弹会水平飞行片刻。然后，随着 Y 速率继续增加，它将变成正值，炮弹开始以弧线方式向下落向地面。

```
if player_shell_velocity.y < 10.0:
    player_shell_velocity.y += 0.1
```

当然，如果炮弹击中地面（高度地图地形）或跑出屏幕之外，我们想要让炮弹停止。下面展示了我们如何确定炮弹何时击中地面。

```
height = 600 - terrain.get_height(player_shell_position.x)
if player_shell_position.y > height:
    player_firing = False
```

下面是如何确定炮弹不会继续飞到屏幕边界之外。

```
if player_shell_position.x < 0 or player_shell_position.x > 800:
    player_firing = False
if player_shell_position.y < 0 or player_shell_position.y > 600:
    player_firing = False
```

13.3.5 计算机开火

我们想要让计算机至少表现出试图击败玩家，以使得游戏变得有趣一些。我使用单词 "试图"，是因为我们不打算花时间来计算击中玩家的大炮所需的角度和火力，即便这也是可能做到的。这是一种古老的火箭科学。不管你是否相信，这正是发明计算机的首要应用领域。这要追溯到第二次世界大战期间，第一台电子计算机首次用来为盟军摧毁敌人的大炮。

现在，计算机的大炮的炮塔是不能移动的，这和玩家能够移动的炮塔不同。因此，角度不会变化。它将保持固定的 315 度（这是 45 度的相反的方向）。然而，火力是另一个因素。我们会针对每次射击随机地生成这个值。如果计算机足够幸运，在玩家瞄准计算机的大炮之前就开火，那么它有可能获胜。但是，由于这个数字是随机的，计算机获胜的几率很低（可能每 20 次射击有一次获胜机会）。

```
player_cannon_angle = 45
player_cannon_power = random.randint(1,10)
```

这段代码就像是移动玩家炮弹一样地移动计算机炮弹。我已经选择复制该游戏中的所有代码，以便保持清晰。使用一个子弹列表应该会更加高效，就像在上一章的 Tank Battle 游戏中处理子弹的方式一样，但是 Artillery Gunner 游戏节奏更慢并且更精确，并且，它研究起来更有趣，因为没有任何 Python 语言的奇怪特性。

13.3.6 为击中计分

由于我们这次要使用绘制的形状而没有使用 MySprite，我们不能利用 Pygame 的内建的冲突检测的优点。因此，我们必须编写自己的冲突代码。这真的很简单，我们只是使用距离函数搞清楚从一个炮弹到一个大炮的距离。让我们现在来编写这个函数，并且将其放到 MyLibrary.py 文件中：

```
# calculates distance between two points
def distance(point1, point2):
    delta_x = point1.x - point2.x
    delta_y = point1.y - point2.y
    dist = math.sqrt(delta_x*delta_x + delta_y*delta_y)
    return dist
```

如果炮弹还在飞行中，我们现在可以使用 **distance()** 函数来检测冲突。**30** 的距离值应该足够了，因为这是大炮的大小。这是游戏的最后一项需求，现在也完成了。图 13.11 展示了最终的结果。

```
if player_firing:
    dist = distance(player_shell_position, computer_cannon_position)
    if dist < 30:
        player_score += 1
        player_firing = False

if computer_firing:
    dist = distance(computer_shell_position, player_cannon_position)
    if dist < 30:
        computer_score += 1
        computer_firing = False
```

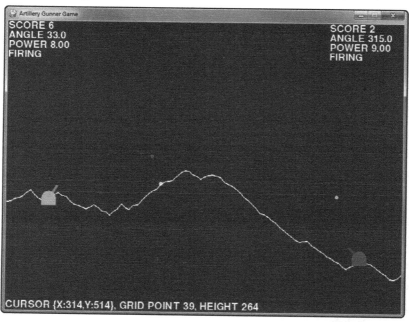

图 13.11　Artillery Gunner 游戏的最终版本

13.4 完整的游戏

到现在，我们已经看到了游戏的不同的代码片段。不仅如此，我们从头开始构建游戏，并且一路不断增加代码。由于有太多的修改，以至于无法记录下每一步的基本信息，我们在这里给出了游戏的最终代码以供你详细阅读。唯一需要的资源是两个音频文件（和上一章中使用的 **boom.wav** 和 **shoot.wav** 文件相同）。要确保在游戏文件的文件夹中包含 **MyLibrary.py** 文件，以保证代码能够运行。

```python
# Artillery Gunner Game
# Chapter 12
import sys, time, random, math, pygame
from pygame.locals import *
from MyLibrary import *

class Terrain():
    def __init__(self, min_height, max_height, total_points):
        self.min_height = min_height
        self.max_height = max_height
        self.total_points = total_points+1
        self.grid_size = 800 / total_points
    self.height_map = list()
    self.generate()

def generate(self):
    #clear list
    if len(self.height_map)>0:
        for n in range(self.total_points):
            self.height_map.pop()

    #first point
    last_x = 0
    last_height = (self.max_height + self.min_height) / 2
    self.height_map.append( last_height )
    direction = 1
    run_length = 0
```

```python
        #remaining points
        for n in range( 1, self.total_points ):
            rand_dist = random.randint(1, 10) * direction
            height = last_height + rand_dist
            self.height_map.append( int(height) )
            if height < self.min_height: direction = -1
            elif height > self.max_height: direction = 1
            last_height = height
            if run_length <= 0:
                run_length = random.randint(1,3)
                direction = random.randint(1,2)
                if direction == 2: direction = -1
            else:
                run_length -= 1

    def get_height(self,x):
        x_point = int(x / self.grid_size)
        return self.height_map[x_point]

    def draw(self, surface):
        last_x = 0
        for n in range( 1, self.total_points ):
                #draw circle at current point
                height = 600 - self.height_map[n]
                x_pos = int(n * self.grid_size)
                pos = (x_pos, height)
                color = (255,255,255)
                if n == grid_point:
                    pygame.draw.circle(surface, (0,255,0), pos, 4, 0)
                #draw line from previous point
                last_height = 600 - self.height_map[n-1]
                last_pos = (last_x, last_height)
                pygame.draw.line(surface, color, last_pos, pos, 2)
                last_x = x_pos

# this function initializes the game
def game_init():
    global screen, backbuffer, font, timer, terrain
    pygame.init()
    screen = pygame.display.set_mode((800,600))
    backbuffer = pygame.Surface((800,600))
```

```
    pygame.display.set_caption("Artillery Gunner Game")
    font = pygame.font.Font(None, 30)
    timer = pygame.time.Clock()
    #create terrain
    terrain = Terrain(50, 400, 100)

# this function initializes the audio system
def audio_init():
    global shoot_sound, boom_sound
    pygame.mixer.init()
    shoot_sound = pygame.mixer.Sound("shoot.wav")
    boom_sound = pygame.mixer.Sound("boom.wav")

# this function uses any available channel to play a sound clip
def play_sound(sound):
    channel = pygame.mixer.find_channel(True)
    channel.set_volume(0.5)
    channel.play(sound)

# these functions draw a cannon at the specified position
def draw_player_cannon(surface,position):
    #draw turret
    turret_color = (30,180,30)
    start_x = position.x + 15
    start_y = position.y + 15
    start_pos = (start_x, start_y)
    vel = angular_velocity( wrap_angle(player_cannon_angle-90) )
    end_pos = (start_x + vel.x * 30, start_y + vel.y * 30)
    pygame.draw.line(surface, turret_color, start_pos, end_pos, 6)
    #draw body
    body_color = (30,220,30)
    rect = Rect(position.x, position.y+15, 30, 15)
    pygame.draw.rect(surface, body_color, rect, 0)
    pygame.draw.circle(surface, body_color, (position.x+15,position.y+15), 15, 0)

 def draw_computer_cannon(surface,position):
    #draw turret
    turret_color = (180,30,30)
    start_x = position.x + 15
    start_y = position.y + 15
    start_pos = (start_x, start_y)
```

```
        vel = angular_velocity( wrap_angle(computer_cannon_angle-90) )
        end_pos = (start_x + vel.x * 30, start_y + vel.y * 30)
        pygame.draw.line(surface, turret_color, start_pos, end_pos, 6)
        #draw body
        body_color = (220,30,30)
        rect = Rect(position.x, position.y+15, 30, 15)
        pygame.draw.rect(surface, body_color, rect, 0)
        pygame.draw.circle(surface, body_color, (position.x+15,position.y+15), 15, 0)

#main program begins
game_init()
    audio_init()
    game_over = False
    player_score = 0
    enemy_score = 0
    last_time = 0
    mouse_x = mouse_y = 0
    grid_point = 0
    player_score = computer_score = 0
    player_cannon_position = Point(0,0)
    player_cannon_angle = 45
    player_cannon_power = 8.0
    computer_cannon_position = Point(0,0)
    computer_cannon_angle = 315
    computer_cannon_power = 8.0
    player_firing = False
    player_shell_position = Point(0,0)
    player_shell_velocity = Point(0,0)
    computer_firing = False
    computer_shell_position = Point(0,0)
    computer_shell_velocity = Point(0,0)

#main loop
while True:
    timer.tick(30)
    ticks = pygame.time.get_ticks()
    #event section
    for event in pygame.event.get():
        if event.type == QUIT: sys.exit()
        elif event.type == MOUSEMOTION:
            mouse_x,mouse_y = event.pos
```

```
        elif event.type == MOUSEBUTTONUP:
            terrain.generate()

        #get key states
        keys = pygame.key.get_pressed()
        if keys[K_ESCAPE]: sys.exit()
elif keys[K_UP] or keys[K_w]:
    player_cannon_angle = wrap_angle( player_cannon_angle - 1 )

elif keys[K_DOWN] or keys[K_s]:
    player_cannon_angle = wrap_angle( player_cannon_angle + 1 )

elif keys[K_RIGHT] or keys[K_d]:
    if player_cannon_power <= 10.0:
        player_cannon_power += 0.1

elif keys[K_LEFT] or keys[K_a]:
    if player_cannon_power > 0.0:
        player_cannon_power -= 0.1

if keys[K_SPACE]:
    if not player_firing:
        play_sound(shoot_sound)
        player_firing = True
        angle = wrap_angle( player_cannon_angle - 90 )
        player_shell_velocity = angular_velocity( angle )
        player_shell_velocity.x *= player_cannon_power
        player_shell_velocity.y *= player_cannon_power
        player_shell_position = player_cannon_position
        player_shell_position.x += 15
        player_shell_position.y += 15

#update section
if not game_over:
    #keep turret inside a reasonable range
    if player_cannon_angle > 180:
        if player_cannon_angle < 270: player_cannon_angle = 270
    elif player_cannon_angle <= 180:
        if player_cannon_angle > 90: player_cannon_angle = 90

    #calculate mouse position on terrain
```

```
grid_point = int(mouse_x / terrain.grid_size)
    #move player shell
    if player_firing:
        player_shell_position.x += player_shell_velocity.x
        player_shell_position.y += player_shell_velocity.y

        #has shell hit terrain?
        height = 600 - terrain.get_height(player_shell_position.x)
        if player_shell_position.y > height:
            player_firing = False

        if player_shell_velocity.y < 10.0:
            player_shell_velocity.y += 0.1

        #has shell gone off the screen?
        if player_shell_position.x < 0 or player_shell_position.x > 800:
            player_firing = False
        if player_shell_position.y < 0 or player_shell_position.y > 600:
            player_firing = False

    #move computer shell
    if computer_firing:
        computer_shell_position.x += computer_shell_velocity.x
        computer_shell_position.y += computer_shell_velocity.y

        #has shell hit terrain?
        height = 600 - terrain.get_height(computer_shell_position.x)
        if computer_shell_position.y > height:
            computer_firing = False

        if computer_shell_velocity.y < 10.0:
            computer_shell_velocity.y += 0.1

        #has shell gone off the screen?
        if computer_shell_position.x < 0 or computer_shell_position.x > 800:
            computer_firing = False
        if computer_shell_position.y < 0 or computer_shell_position.y > 600:
            computer_firing = False
    else:
#is the computer ready to fire?
play_sound(shoot_sound)
```

```
        computer_firing = True
        computer_cannon_power = random.randint(1,10)
        angle = wrap_angle( computer_cannon_angle - 90 )
        computer_shell_velocity = angular_velocity( angle )
        computer_shell_velocity.x *= computer_cannon_power
        computer_shell_velocity.y *= computer_cannon_power
        computer_shell_position = computer_cannon_position
        computer_shell_position.x += 15
        computer_shell_position.y += 15

#look for a hit by player's shell
if player_firing:
    dist = distance(player_shell_position, computer_cannon_position)
    if dist < 30:
        play_sound(boom_sound)
        player_score += 1
        player_firing = False

#look for a hit by computer's shell
if computer_firing:
    dist = distance(computer_shell_position, player_cannon_position)
    if dist < 30:
        play_sound(boom_sound)
        computer_score += 1
        computer_firing = False

#drawing section
backbuffer.fill((20,20,120))

#draw the terrain
terrain.draw(backbuffer)

#draw player's gun
y = 600 - terrain.get_height(70+15) - 20
player_cannon_position = Point(70,y)
draw_player_cannon(backbuffer, player_cannon_position)

#draw computer's gun
y = 600 - terrain.get_height(700+15) - 20
computer_cannon_position = Point(700,y)
draw_computer_cannon(backbuffer, computer_cannon_position)
```

```
#draw player's shell
if player_firing:
    x = int(player_shell_position.x)
    y = int(player_shell_position.y)
    pygame.draw.circle(backbuffer, (20,230,20), (x,y), 4, 0)

#draw computer's shell
if computer_firing:
    x = int(computer_shell_position.x)
    y = int(computer_shell_position.y)
    pygame.draw.circle(backbuffer, (230,20,20), (x,y), 4, 0)

#draw the back buffer
screen.blit(backbuffer, (0,0))

if not game_over:
    print_text(font, 0, 0, "SCORE " + str(player_score))
    print_text(font, 0, 20, "ANGLE " + "{:.1f}".format(player_cannon_angle))
    print_text(font, 0, 40, "POWER " + "{:.2f}".format(player_cannon_power))
    if player_firing:
        print_text(font, 0, 60, "FIRING")
    print_text(font, 650, 0, "SCORE " + str(computer_score))
    print_text(font, 650, 20, "ANGLE " + "{:.1f}".format(computer_cannon_angle))
    print_text(font, 650, 40, "POWER " + "{:.2f}".format(computer_cannon_power))
    if computer_firing:
        print_text(font, 650, 60, "FIRING")

    print_text(font, 0, 580, "CURSOR " + str(Point(mouse_x,mouse_y)) + \
        ", GRID POINT " + str(grid_point) + ", HEIGHT " + \
        str(terrain.get_height(mouse_x)))
else:
    print_text(font, 0, 0, "GAME OVER")

pygame.display.update()
```

13.5 小结

这包括了 Artillery Gunner 游戏。我希望你能够学到很多知识并且享受 Python 和 Pygame

的编程之旅。我们为此奋斗过，也享受了很多乐趣。来看看我们现在能够做些什么。

挑战

1. 这款游戏可能真的是没有止境。首先，显然游戏还可以做一些优化，例如，删除调试消息，删除高度地图的"陡峭"，等等。看看你是否能够为游戏添加一些最终的润色。

2. 这款游戏的缺点之一是，当你为击中计分的时候，没有什么戏剧化的事情发生，只是得到了一分。因此，当玩家或者计算机击中一次的时候，添加一些夸张的效果，例如，变换背景颜色或绘制一次爆炸。

3. 我真的想要看看使用地形高度图系统所能做的更多的事情。因此，当炮弹击中了地面，创建一个弹坑。提示：看一下 Terrain.get_height()方法以寻找思路。

第14章
更多内容：Dungeon 角色扮演游戏

在本章中，我们利用前面各章所学习的各种课程，来创建自己的角色扮演游戏（RPG）。我们将特别关注用来管理游戏的数据的高级列表编程。根据本章中给出的示例来构建自己的 RPG，我们将获得很多好的经验。但是，和大多数具有逼真的图像和动画的现代 RPG 不同，我们的 RPG 是向过去的游戏致敬。在计算机发展的早期，创意故事讲述者必须使用文本来描述一个虚拟的世界。很快你将了解到，RPG 有一种风格流派可以追溯到使用文本字符来表示墙、地板、商品、怪兽、财宝甚至玩家的时代。这些文本字符是通过其"ASCII"字符编码（American Standard Code for Information Interchange，美国信息交换标准代码）来表示的。因此，这样的游戏又称为"ASCII Dungeons"。我们将使用一个随机的地下城生成器来创建这类游戏，但是，你可以使用展示给客户的概念来设计自己的游戏关卡。

在本章中，我们将学习如何：
◎ 生成随机的地下城房间；
◎ 用走廊连接地下城房间；
◎ 添加金子、武器、盔甲和生命值；
◎ 添加咆哮的怪兽，玩家可以与之战斗；
◎ 为玩家和怪兽翻滚随机的字符状态；
◎ 用真正的撞击、攻击和防守值来与怪兽战斗；
◎ 使用自己的想象力，因为这是一款 ASCII 文本 RPG。

14.1 Dungeon 游戏简介

Dungeon RPG 如图 14.1 所示。在本章中，我们将学习从头开始构建这款游戏。一路上，我们将学习 Python 和 Pygame 中的很多技巧和技术，包括高级的列表和类。并且，这款游戏真的很好玩。

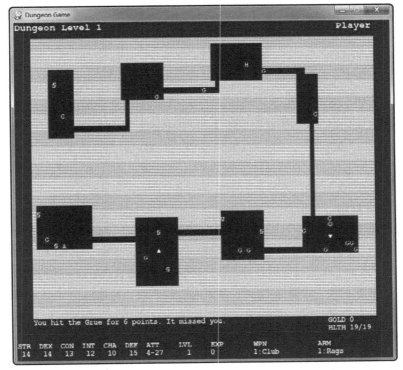

图 14.1 Dungeon RPG 是一款类似 Rogue 的游戏，我们将在本章中创建该游戏

14.2 回顾经典的 Dungeon RPG

当今主要的 RPG 游戏，例如 Diablo III 和 World of Warcraft（以及其很多扩展），对于 20 世纪 80 年代早期的开发者和玩家来说，都是难以置信的，那时候，个人电脑才刚刚开始普及。但是，技术并没有阻挡有想象力的故事讲述者的脚步，他们仍然想要在计算机中为玩家创建探求乐趣的世界，尽管技术水平很有限。那个时候，基于文本的显示并不被认为是糟糕或粗糙的技术。那只不过是可用的技术。那时候，游戏开发者（他们那时候真的

只是爱好者）被计算机所迷惑住。他们不会为图像的延迟而扼腕叹息，因为同时没那么多事情可做。让我们看一下这类游戏的一些经典实例，与此同时计划创建我们自己设计的一款游戏。下面展示的独立的 Rogue 类的游戏，和 Rogue 自身一样，它并不一定代表了该类中的最好的游戏，这只是这种类型中最流行的游戏。

14.2.1　Rogue

这些都源自于一款叫作 Rogue 的游戏，很多资格足够老的粉丝在以前的日子里都曾经玩过这一款游戏。所有这些游戏归入所谓的"Rogue 类"，并且这成为一个可以识别的术语。根据维基百科（http://en.wikipedia.org/wiki/Roguelike），符合该描述的游戏具有如下一些特色。

1. 随机性的游戏关卡。
2. 基于回合移动。
3. 永久性死亡。

Rogue 的设计要归功于 Michael Toy、Glenn Wichman、Ken Arnold 和 Jon Lane。这一游戏的目标是探索地下城的最底层并且获取一种叫作 Amulet of Yendor 的特殊物品，然后，将其恢复并带出地下城。即便像 Diablo 系列的现代游戏，也遵从这一基本的假设，并且人们甚至可以认为 Diablo 是一款改进了图形的 Rogue 类游戏。但是，玩家的角色必须在最后一关中击败一个大坏蛋，而不是找到财宝。图 14.2 展示了该游戏在 Unix 系统上运行的样子。

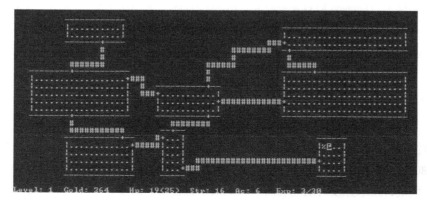

图 14.2　Rogue 在 Unix 终端上运行，图像来自于维基百科

Rogue 的游戏逻辑是可以重复的。这意味着，使用相同的代码来产生每个关卡并填充

怪兽，因此，每个关卡都是基于同样的算法。关卡之间的唯一的区别，就是怪兽的力量，随着你进入到更深的层级，怪兽的力量会增加。类似地，玩家的英雄角色也会获得更大的力量、能力和武器，因此，游戏逻辑得以保持平衡。图 14.3 展示了在 IBM PC 上运行的同一款游戏。

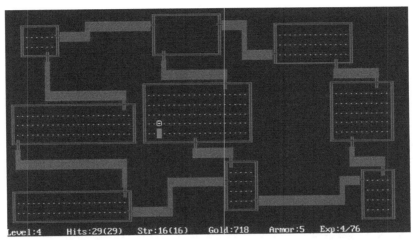

图 14.3　Rogue 在 IBM PC 上运行，图像来自于维基百科

现实世界

据报道，C 语言之父 Dennis Ritchie 曾经说过，Rogue 比历史上的任何事物所浪费的 CPU 时间都要多。他指得是在那个时代的 UNIX 系统上。

14.2.2　NetHack

NetHack 是最初的 Rogue 游戏中的一款开源的、免费的游戏逻辑实现。其发布一直得以持续，并且可以从 http://www.nethack.org 下载。NetHack 是传统游戏的逻辑的一个相对准确的版本，并且该游戏有大量的变体（因为它是开源的）可供使用。官方的 NetHack 发布在你所下载的归档文件中包含了两个版本。第一个是该游戏的常见的文本控制台版本，使用传统 ASCII 字符，如图 14.4 所示。

NetHack 中包含的另一个版本如图 14.5 所示，它在图形模式中运行，带有贴图的美工画。游戏逻辑没有变化，只是显示游戏的方式不同。

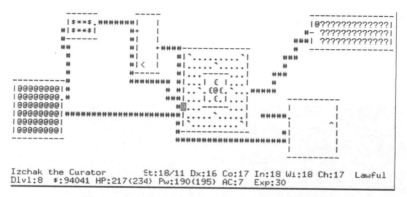

图 14.4　在文本模式控制台中运行的 NetHack

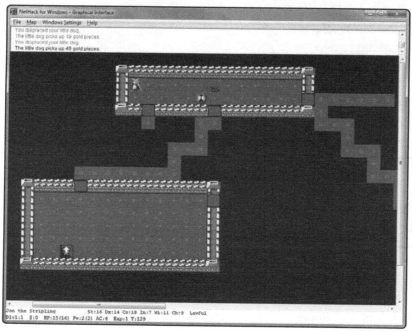

图 14.5　在图形模式下运行的带有贴图画的 NetHack

14.2.3　AngBand

　　AngBand 是该类型游戏的另一个很好的示例，具有人们所熟悉的游戏逻辑，以及往往更为复杂的关卡。该游戏并不遵从 Rogue 特点的最后一项，在这一点上的超越，使得该游戏和大多数传统游戏区分开来。我们可以从 http://rephial.org 免费下载该游戏。图 14.6 展示了运行中的 AngBand。

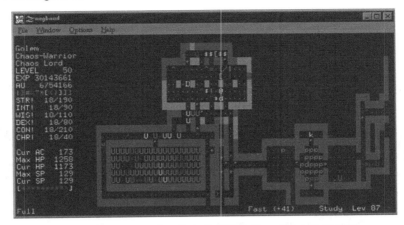

图 14.6 AngBand 使用带有多种颜色的、吸引人的字符集

和该类型的很多其他游戏一样（包括 NetHack），AngBand 也有两个版本（照顾该类游戏的两种玩家）：一个控制台模式版本和一个图形模式版本。AngBand 的图形模式版本如图 14.7 所示。贴图画和 ANSI 文本版本的差异并不大，但这足以使得游戏逻辑比纯文本更为有趣。

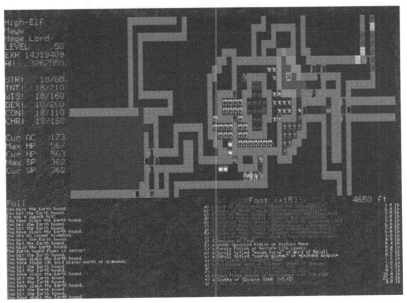

图 14.7 在图形模式下运行的、带有贴图画的 AngBand

14.2.4 Sword of Fargoal

如果回到前几年，我们会发现 Sword of Fargoal 运行在 Commodore 64 上，该游戏是由 EPYX 进行商业化发布的，这是 20 世纪 80 年代一家流行的游戏发布公司。但是，该游戏并不是起源于 C=64 上，它是从一款较早的名为 Dungeon 的 Commodore PET 游戏移植而来的。它显然是一款衍生而来的的游戏，但是，关卡生成器使用了与 Rogue 中略微不同的算法，如图 14.8 所示。

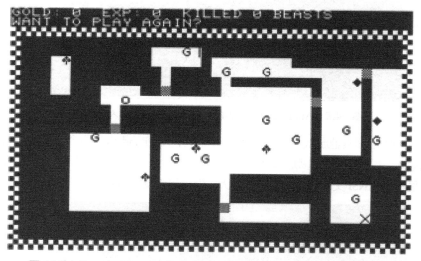

图 14.8　Sword of Fargoal 衍生自这一款较早的 Commodore PET 游戏

14.2.5 Kingdom of Kroz

Kingdom of Kroz 是 20 世纪 80 年代的另一款经典游戏，如图 14.9 所示。和 NetHack 的早期版本类似，该游戏使用 ANSI 字符来显示有限的动画和彩色文本。Kroz 拥有很复杂的关卡，因为它们是定制设计的，而不是随机生成的。不管你是否相信，这个看上去很有趣的屏幕界面为那个时代的游戏玩家提供了大量的游戏乐趣。

14.2.6 ZZT

ZZT 是另一款（可能也是最好的）基于 ANSI 的、Rogue 类游戏。图 14.10 显示了其中一个较大的关卡的屏幕画面。ZZT 支持很多高级的游戏逻辑功能，例如入口和玩家持久性。它是由 Epic Games 的创始人 Tim Sweeney 开发的，并且这是该公司的第一款游戏。你可能知道这个公司的名字，因为今天 Epic 负责 Unreal Engine 3，而该引擎为 Windows、Xbox 360、Linux、Mac OS X 和 Sony PlayStation 3 上的众多的商业游戏提供支持。这家公司一直处在技术前沿。

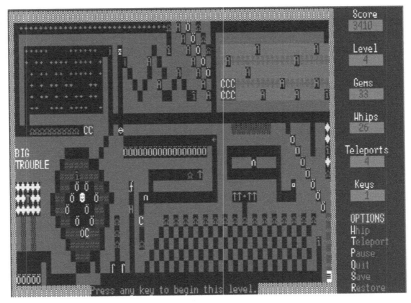

图 14.9　Kingdom of Kroz

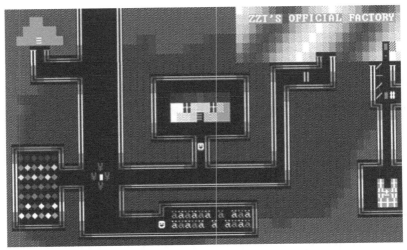

图 14.10　ZZT 是由 Epic Games 创建的（该公司拥有现代的 Unreal 引擎）

14.3　创建一个地下城关卡

创建此类游戏的关键是，设置一个数组（或者 Python 中的列表）来表示一个游戏关卡。数组中的数据针对每个关卡循环，而关卡是随机产生的。当玩家到达了进入下一个关卡的楼梯或出口，游戏应该使用当前的关卡编号和一个通用的随机数种子，生成一个新的随机关卡。这个种子使得在玩家试图走出地下城的过程中（如果我们要遵从经典的剧情的话，这是在找到 Amulet of Yendor 之后），游戏有可能会重新生成玩家已经打通的相同的关卡。我们试图给出与该类型游戏相关的足够的信息，包括构建一个关卡生成器、添加用户输入、与怪兽的基本战斗，以及和墙壁的冲突检测。但是，剩下的游戏逻辑将取决于你。

14.3.1　理解 ASCII 字符

当使用 Pygame 这样的库来创建 Rogue 类的游戏的图形模式的时候，假设我们想要让游戏的感观更加真实一些，我们必须模拟文本显示。这为我们带来的好处是，让游戏看上去更真实，而且使得我们能够用图形做任何事情。什么是字符集？它是字符的一个编号的列表。标准的字符集叫作 ASCII。

ASCII 字符集

单个的字符都有一个"ASCII 编码"，一共有 256 个字符。你可能注意到了，一个典型的 PC 键盘只有 100 个键。没错。ASCII 表包含了一些特殊的字符，这些特殊字符用来在 20 世纪 70 年代和 80 年代的旧的控制台显示上绘制方框。

ASCII 的正确读法是"Ask-ee"。

ASCII 代码会像动画帧一样处理，而字符集就像是一个精灵序列图。每个字符都会当作一个较大的动画集中的一帧去处理。下面一行中的前 31 个字符称为非打印字符，因为它们不会显示在旧式的控制台中。这前 31 个字符用于那些在控制台上执行任务的特殊代码。例如，ASCII 代码 10 是一个换行字符，而 ASCII 代码 13 是一个回车字符。当这些代码"打印出来"的时候，它们执行实际的动作而不是显示字符。同样的，第一行的最后一个字符是 ASCII 代码 32，这是一个空格，这是第一个可打印的字符。第一行的头两个字符，看上去像是小笑脸，通常在 Rogue 类游戏中用作玩家角色。

```
☺ ☻ ♥ ♦ ♣ ♠ • ▫ ○ ◙ ♂ ♀ ♪ ♫ ☼ ▶ ◀ ↕ ‼ ¶ § ▬ ↨ ↑ ↓ → ← ∟ ↔ ▲ ▼
! " # $ % & ' ( ) * + , - . / 0 1 2 3 4 5 6 7 8 9 : ; < = > ? @
A B C D E F G H I J K L M N O P Q R S T U V W X Y Z [ \ ] ^ _ `
a b c d e f g h i j k l m n o p q r s t u v w x y z { | } ~ ⌂ Ç
ü é â ä à å ç ê ë è ï î ì Ä Å É æ Æ ô ö ò û ù ÿ Ö Ü ¢ £ ¥ ₧ ƒ á
í ó ú ñ Ñ ª º ¿ ⌐ ¬ ½ ¼ ¡ « » ░ ▒ ▓ │ ┤ ╡ ╢ ╖ ╕ ╣ ║ ╗ ╝ ╜ ╛ ┐
└ ┴ ┬ ├ ─ ┼ ╞ ╟ ╚ ╔ ╩ ╦ ╠ ═ ╬ ╧ ╨ ╤ ╥ ╙ ╘ ╒ ╓ ╫ ╪ ┘ ┌ █ ▄ ▌ ▐ ▀ α
ß Γ π Σ σ μ τ Φ Θ Ω δ ∞ φ ε ∩ ≡ ± ≥ ≤ ⌠ ⌡ ÷ ≈ ° ∙ · √ ⁿ ² ■
```

打印 ASCII 字符

在 Python 中，我们可以使用一直以来在打印函数所见到的相同的字体，把 ASCII 字符打印到控制台，或者打印到支持 Pygame 的图形模式中。但是，你可能会问，如果不能都用键盘表示的话，在哪里去获取想要打印的 ASCII 字符呢？有 3 种方法做到这点。

首先，可以找到一个 ASCII 表（例如，从网上），把字符当作字符串一样复制并粘贴到你的程序中。例如，要把[PI]字符打印到控制台，从 ASCII 表中将[PI]字符复制出来，并且将其粘贴到 print()函数调用中，如下所示。

```python
print("Pi looks like this: ")
```

第二种方式类似，但是，不需要复制和粘贴字符。相反，我们只是使用一个 Alt 键序列将字符嵌入到字符串中。这需要一些技术，而这一技术是当今大多数 PC 用户所不知道的，因为命令行提示和 Shell 如今已经不常用了。我们需要做的事情是，按下 Alt 键，并且使用数字键盘来输入 ASCII 代码。当然，你需要知道 ASCII 代码，但是我们稍后将解决这个小问题。这种方法在 Python IDLE 编辑器或 Python 提示符窗口中无效，因此，我们必须使用 Notepad 这样的一款文本编辑器。尝试 Alt+100，看看会显示什么。

但是，这两种方式都是打印 ASCII 字符的笨拙方式。第三种方式，也是更加优选的方式，是使用代码把 ASCII 代码转换为一个字符。Python 有一个名为 chr()的函数。你必须知道所要打印的字符的 ASCII 代码，所以，要确保可以方便地获得 ASCII 表。图 14.11 就是使用如下的 Python 代码创建的这样的一个表。

```
print("ASCII code 100 = " + chr(100))
ASCII code 100 = d
```

ASCII 程序

让我们编写一个简短的程序来生成一个 ASCII 表，以便可以随时参考它。记住，Python 控制台不会显示众多的转移序列、非打印字符。

该程序将 ASCII 表分为 8 列排列对齐。

```
cols = 8
rows = 256//cols
table = list("" for n in range(rows+1))
char = 1

#create strings filled with table data
for col in range(1,cols+1):
    for row in range(1,rows+1):
        table[row] += '{:3.0f}'.format(char) + ' '
        if char not in (9,10,13): #skip movement chars
            table[row] += chr(char)
        table[row] += '\t'
        char += 1

#print the ASCII table
for row in table: print(row)
```

想要和你的朋友开个玩笑吗？使用容易猜到的一个常用的单词来创建一个密码，但是，在密码中插入 ASCII 代码 255。这是另一个空白字符。

这个简短的 Python 程序产生了如图 14.11 所示的输出。很多的字符不会出现在 Python Shell 的输出窗口中。控制台不只是设计来处理转义字符序列的。根据我们的目的，使用 ASCII 表作为精灵序列图，我们不需要关注这些代码原本的作用。控制台输出还有另一个较为复杂的问题，默认的编码更像是 Unicode。因此，ASCII 字符集中只有前 128 个字符（0 到 127）可以正常地打印，而扩展的代码（直到 255）都会使用 Unicode 字符来编码。可以说，我们的小程序在字符编码上有问题。

改进的 ASCII 表程序

有一种方法来解决这个问题。我们可以把 ASCII 字符集存储为一个字符串，并且用

ASCII 字符代码来为字符集建立索引，而不是使用查找代码（用 chr()函数）。这是一种"作弊"行为，但是，它得到了一张很好看的表，我们可以将其作为参考。把字符格式化到一个表中的代码也是相同的，但是，使用 chars[char]来索引字符串中的字符，而不是调用 chr()。得到的结果如图 14.12 所示，它看上去很不错。然而，由于字符编码的问题，你可能无法输入这样的代码，尤其是在 IDLE 编辑器中。因此，请打开本章的资源文件夹中的 ASCII Table 2.py 文件，以运行该程序。

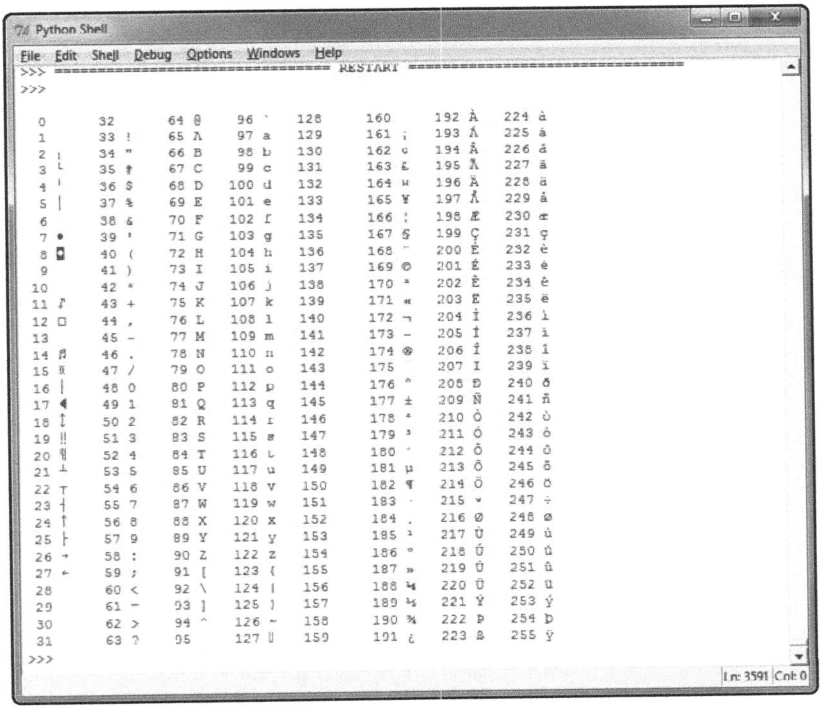

图 14.11 ASCII 表程序的输出

```
chars = \
" ☺☻♥♦♣♠•◘○◙♂♀♪♫☼►◄↕‼¶§▬↨↑↓→←∟↔▲▼·!\"#$%&'()*+,-./0123456789:;<=>?@"\
"ABCDEFGHIJKLMNOPQRSTUVWXYZ[\]^_`abcdefghijklmnopqrstuvwxyz{|}~⌂Çü"\
"éâäàåçêëèïîìÄÅÉæÆôöòûùÿÖÜ¢£¥₧ƒáíóúñÑªº¿⌐¬½¼¡«»░▒▓│┤╡╢╖╕╣║╗╝╜╛┐"\
"└┴┬├─┼╞╟╚╔╩╦╠═╬╧╨╤╥╙╘╒╓╫╪┘┌█▄▌▐▀αßΓπΣσµτΦΘΩδ∞φε∩≡±≥≤⌠⌡÷≈°∙·√ⁿ²■ ?°"
    cols = 8
    rows = 256//cols
    table = list("" for n in range(rows+1))
    char = 0
```

```
for col in range(1,cols+1):
    for row in range(1,rows+1):
        table[row] += '{:3.0f}'.format(char) + ' '
        table[row] += chars[char]
        table[row] += '\t'
        char += 1
print(len(chars))
for row in table: print(row)
```

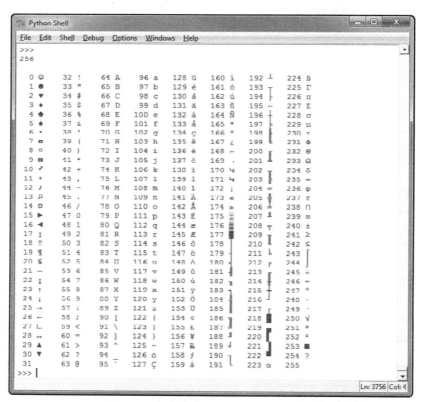

图 14.12　改进后的 ASCII 表程序现在可以产生有用的输出，我们可以将其用作参考

14.3.2　模拟文本控制台显示

既然了解了 ASCII 字符集，我们可以使用这一信息来为自己的 Rogue 类游戏模拟一个文本控制台显示了。由于我们只是模拟一个控制台显示，而不是完全地复制它，我们可以

在其大小上做一些变化。运行 Rogue 类游戏的老式控制台显示，可以显示 25 行，每行 80 个字符。我们将其扩展为 80 × 45，以使得宽高比更合适，因为大多数现代的 LCD 屏幕的宽高比大多为 4:3 或 16:9，或者类似的大小。而一个老式的 CRT（阴极射线管）监视器的宽高比是 8:2.5。这个比例也能工作，因为字符的高度会比宽度更大。图 14.13 展示了我们可用的实际贴图数目的空间。

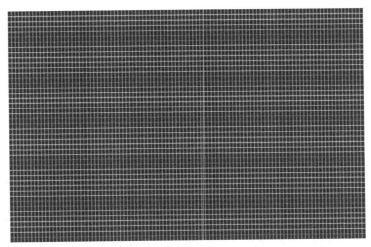

图 14.13　80 × 45 的栅格表示一个游戏关卡可用的空间

记录贴图

由于每个字符表示一个游戏逻辑"贴图"，那么，我们所拥有的是支持 80 × 45 = 3 600 个贴图的一个游戏关卡。这实际上是很大的一个空间，考虑一下，游戏有如此多的关卡（可以深入到底层）。

现在，要填充游戏关卡，我们需要两个对象：一个列表和一个 MySprite。首先，创建列表并用一个默认的值来填充它。

```
tiles = list()
for y in range(0,45):
    for x in range(0,80):
        tiles.append(8)
```

ASCII 表作为精灵

接下来，创建 MySprite 对象，加载包含了所有 ASCII 字符的一个精灵序列图，并且将

其当动画帧一样对待。位图如图 14.14 所示。本章的资源文件中提供了该文件，文件名为
ascii8x12.png。

图 14.14　包含了 ASCII 字符的
一个精灵序列图

```
text = MySprite()
text.load("ascii8x12.png", 8, 12, 32)
```

绘制地下城关卡

现在，我们可以通过引用贴图列表来直接绘制地
下城关卡，该列表中包含了每个贴图的 ASCII 代码，
并且可以使用 ASCII 代码作为精灵中的动画帧索引。在 80 列和 45 行中重复这个过程，就
像如下代码所做的一样，并且我们有一个使用默认的 ASCII 字符填充的关卡，如图 14.15
所示。此时，游戏的"基本机制"已经开始工作了。这是较难的部分。现在，我们可以重
点关注生成带有房间和通道的一个随机关卡。

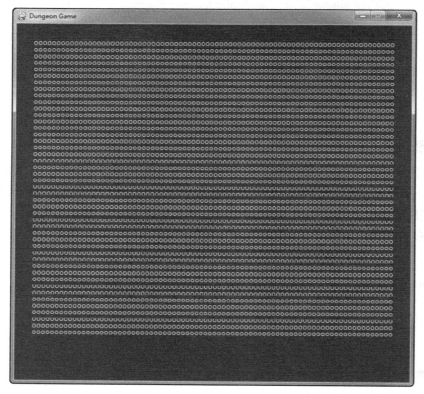

图 14.15　使用有效的关卡数据初次尝试运行 Dungeon 游戏

```
for y in range(0,45):
    for x in range(0,80):
        index = y * 80 + x
        value = tiles[index]
    text.X = 30 + x * 8
    text.Y = 30 + y * 12
    text.frame = text.last_frame = value
    text.update(0)
    text.draw(surface)
```

14.3.3　生成随机房间

Rogue 类游戏的一个显著特征，就是值得不断地重复玩，因为游戏的关卡是随机生成的。每次你玩游戏，游戏都是不同的。要生成一个单独的关卡，我们将向其中填充房间。现在，这是一些创造性编程的一个用武之地，因为有很多种方法来做到这一点。在这里给出的示例中，一个关卡中一共有 8 个房间，上面 4 个，下面 4 个。你也可以采取不同的方法，在中间产生一个较大的房间，而在其周围分散几个较小的房间。有很多种可能性！继续前进，并且用本章中的 Python/Pygame 代码进行尝试，看看你可以得到哪些有趣的新的游戏关卡。

创建 Dungeon 类

我们已经达到了一定的复杂程度，需要一个类来继续地下城的构建工作。这个类叫作 Dungeon，它将帮助组织数据和代码。这个类将负责生成和绘制随机的关卡。特别有趣的是，它有两个辅助函数：getCharAt()和 setCharAt()。我们需要这些函数来生成一个随机关卡。注意，和所有前面各章中的情况一样，必须要能够在和游戏文件相同的文件夹下找到 MyLibrary.py 文件，MySprite 这样的类才可用。

```
class Dungeon():
    def __init__(self):
        #create the font sprite
        self.text = MySprite()
        self.text.load("ascii8x12.png", 8, 12, 32)

        #create the level list
        self.tiles = list()
        for n in range(0,80*45):
```

```
                self.tiles.append(-1)

    def getCharAt(self, x, y):
        index = y * 80 + x
        return self.tiles[index]

    def setCharAt(self, x, y, char):
        index = y * 80 + x
        self.tiles[index] = char

    def draw(self, surface, offx, offy):
        for y in range(0,45):
            for x in range(0,80):
                value = self.getCharAt(x,y)
                if value >= 0:
                    self.text.X = offx + x * 8
                    self.text.Y = offy + y * 12
                    self.text.frame = value
                    self.text.last_frame = value
                    self.text.update(0)
                    self.text.draw(surface)
```

现在，每次按下空格键的时候，原型都只是生成随机的关卡。这是一个重要的步骤，可以验证关卡生成算法是否有 bug。我们不想让房间重叠，或者让通道没有标记。为了生成房间，我们使用一个矩形来表示每个房间，并且用一个列表把房间转换为易于管理的数组。有以下 3 个主要的 ASCII 代码将用来构建一个地下城关卡。

1. Code 175, Char: ▓ (background)
2. Code 177, Char: ▓ (hallways)
3. Code 218, Char: █ (rooms)

生成北面的房间

让我们从关卡的最顶部开始，在这里，我们将放置 4 个房间。每个房间都有一个略微随机的位置（其中略有差异）和略微随机的大小（有一个最小值和最大值）。在创建了房间之后，Dungeon.generate()方法会用房间数据来填充贴图的数组/列表。

```
def generate(self, emptyChar=175, roomChar=218, hallChar=177):
    #clear existing level
    for index in range(0,80*45):
```

```
        self.tiles[index] = emptyChar

    #create random rooms
    self.rooms = list()
PL = 4
PH = 8
SL = 5
SH = 14
room = Rect(0 + random.randint(1,PL),
            0 + random.randint(1,PH),
            random.randint(SL,SH),
            random.randint(SL,SH))
self.rooms.append(room)
room = Rect(20 + random.randint(1,PL),
            0 + random.randint(1,PH),
            random.randint(SL,SH),
            random.randint(SL,SH))
self.rooms.append(room)
room = Rect(40 + random.randint(1,PL),
            0 + random.randint(1,PH),
            random.randint(SL,SH),
            random.randint(SL,SH))
self.rooms.append(room)
room = Rect(60 + random.randint(1,PL),
            0 + random.randint(1,PH),
            random.randint(SL,SH),
            random.randint(SL,SH))
self.rooms.append(room)

#add rooms to level
for room in self.rooms:
    for y in range(room.y,room.y+room.height):
        for x in range(room.x,room.x+room.width):
            self.setCharAt(x, y, roomChar)
```

图 14.16 显示了目前为止的结果。我们已经取得了很好的进展，有了 Dungeon 类，似乎现在可以更快地进行了。

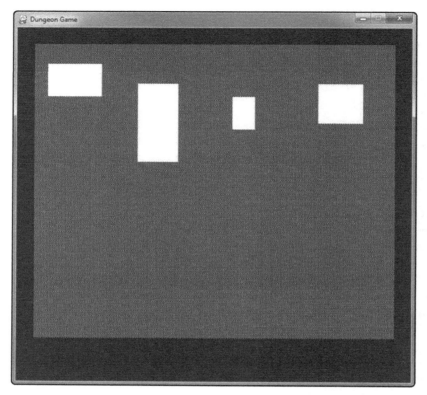

图 14.16　已经生成了北面的 4 个房间

生成南面的房间

现在，我们使用类似的代码，只是把每一个 Y 位置做一点小小改动，就可以生成南面的房间，最终得到如图 14.17 所示的关卡。

```
room = Rect(0 + random.randint(1,PL),
            22 + random.randint(1,PH),
            random.randint(SL,SH),
            random.randint(SL,SH))
self.rooms.append(room)
room = Rect(20 + random.randint(1,PL),
            22 + random.randint(1,PH),
            random.randint(SL,SH),
            random.randint(SL,SH))
self.rooms.append(room)
room = Rect(40 + random.randint(1,PL),
```

```
                22 + random.randint(1,PH),
                random.randint(SL,SH),
                random.randint(SL,SH))
        self.rooms.append(room)
        room = Rect(60 + random.randint(1,PL),
                22 + random.randint(1,PH),
                random.randint(SL,SH),
                random.randint(SL,SH))
        self.rooms.append(room)
```

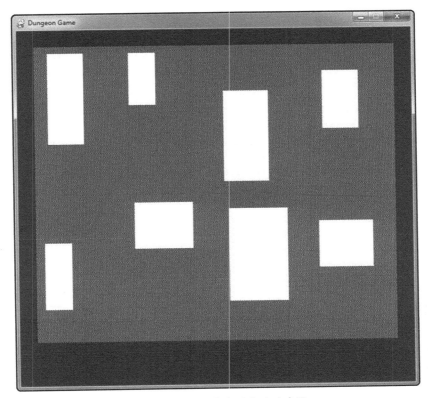

图 14.17　已经生成了南面的房间

这个房间代码现在可以很好地工作了。然而，这里有很多重复的代码，从一个房间到另一个房间，代码只是略有不同。我们可以利用其重复性，编写一个可重用的方法，将其用于所有的 8 个房间。因此，让我们放弃生成房间的代码，而是通过编写和调用一个新的方法来替代它：

```
def createRoom(self,x,y,rposx,rposy,rsizel,rsizeh):
    room = Rect(x + random.randint(1,rposx),
                y + random.randint(1,rposy),
                random.randint(rsizel,rsizeh),
                random.randint(rsizel,rsizeh))
    self.rooms.append(room)
```

使用这个新的辅助方法，生成所有 8 个房间的代码（在 **generate()** 中）变得更加易于管理。这也使得我们更容易将其用于不同的关卡生成算法。这是通过创建正确的方法来删除或优化重复的代码的一个例子。变量 **PL**、**PH**、**SL** 和 **SH**，表示每个房间的随机的位置和大小。请随意尝试不同的值！

```
PL = 4
PH = 8
SL = 5
SH = 14
self.rooms = list()
self.createRoom(0,0,PL,PH,SL,SH)
self.createRoom(20,0,PL,PH,SL,SH)
self.createRoom(40,0,PL,PH,SL,SH)
self.createRoom(60,0,PL,PH,SL,SH)
self.createRoom(0,22,PL,PH,SL,SH)
self.createRoom(20,22,PL,PH,SL,SH)
self.createRoom(40,22,PL,PH,SL,SH)
self.createRoom(60,22,PL,PH,SL,SH)
```

14.3.4 生成随机的通道

通道连接着房间，并且通道是进入随机关卡的关键。为了生成通道，我们要做一些 Rogue 类游戏所没有做的假设。换句话说，从关卡中的任意一个房间连接到另一房间，可能有更具创意性的路径寻找算法。但是，让我们努力使其保持简单，并且连接彼此靠近的两个房间。

TRICK 在运行游戏的时候，任何时候按下空格键，都会重新生成关卡。这对游戏的测试和调试来说是很好的，但是，当游戏完成之后，应该删除此功能。

水平通道

我们规划通道代码的时候，首先就把可复用性牢记在心了（一开始就明智地将其放置到一个方法中）。首先，我们有了源房间。沿着该房间的右边界，选取一个随机的位置作为通道的起点。然后，将通道向右移动，每次移动一个贴图，直到它到达了目标房间的位置。如果我们已经碰到了目标房间，那么就这样，通道结束了。但是，更可能的情况是，通道需要向上或向下，才能到达一个房间。因此，如果房间的位置在下方或者上方，我们需要相应地让通道也向上或向下，直到到达房间。让我们先看看其外观，然后再给出代码。首先，在图 14.18 中，我们遇到的环境是通道可以直接连接到第二个房间而无需拐弯。

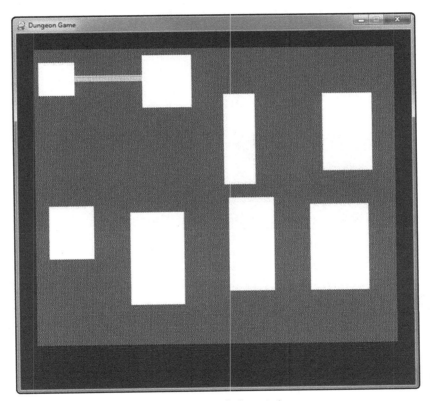

图 14.18　一条直的通道

接下来，我们可以展示通道需要向上或向下拐弯才能到达目标房间的情况，如图 14.19 所示。此时，我们可以重复北面的 4 个房间之间的过程，然后，将其用于南面的 4 个房间。让我们先来看看新的 Dungeon.createHallRight() 方法。

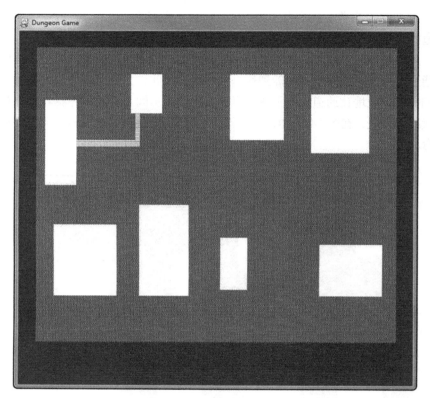

图 14.19 一个拐弯的通道

 一些随机的地下城看上去很不错，另一些则看上去很糟糕。重要的是，要对算法进行精细的调整，以满足我们的设计预期。很可能所做出的最好的修改，是用于设置每个房间的位置和大小的随机范围。如果房间能够合理放置，通道通常也能很好地发挥作用。

```
def createHallRight(self,src,dst,hallChar):
    pathx = src.x + src.width
    pathy = src.y + random.randint(1,src.height-2)
    self.setCharAt(pathx,pathy,hallChar)
    if pathy > dst.y and pathy < dst.y + dst.height:
        while pathx < dst.x:
            pathx += 1
            self.setCharAt(pathx,pathy,hallChar)
    else:
```

```
        while pathx < dst.x+1:
            pathx += 1
            self.setCharAt(pathx,pathy,hallChar)
            if pathy < dst.y+1:
                self.setCharAt(pathx,pathy,hallChar)
                while pathy < dst.y:
                    pathy += 1
                    self.setCharAt(pathx,pathy,hallChar)
            else:
                self.setCharAt(pathx,pathy,hallChar)
                while pathy > dst.y + dst.height:
                    pathy -= 1
                    self.setCharAt(pathx,pathy,hallChar)
```

由于 3 个通道连接了 4 个房间，我们一共创建了 6 个通道。注意，从一个房间到另一个房间的连接，是如此之简单。可以用一个 for 循环来替代它，但是，这种方式的代码更加清晰明了。

```
        self.createHallRight(self.rooms[0],self.rooms[1],hallChar)
        self.createHallRight(self.rooms[1],self.rooms[2],hallChar)
        self.createHallRight(self.rooms[2],self.rooms[3],hallChar)
        self.createHallRight(self.rooms[4],self.rooms[5],hallChar)
        self.createHallRight(self.rooms[5],self.rooms[6],hallChar)
        self.createHallRight(self.rooms[6],self.rooms[7],hallChar)
```

垂直通道

现在，我们已经把北面的房间和南面的房间彼此连接了起来，但是，北面和南面这"两翼"还没有彼此连接起来。为此，我们还需要垂直通道。我们不想要太多的通道，否则，打通关卡会变得太容易。相反，我们只是用一个通道把北边和南边连接起来，并且，我们通过选取一个随机房间来做到这点，从而使得每次这个通道都是不同的。如图 14.20 所示。

```
    def createHallDown(self,src,dst,hallChar):
        pathx = src.x + random.randint(src.width-2)
        pathy = src.y + src.height
        self.setCharAt(pathx,pathy,hallChar)
        if pathx > dst.x and pathx < dst.x + dst.width:
            while pathy < dst.y:
                pathy += 1
                self.setCharAt(pathx,pathy,hallChar)
        else:
            while pathy < dst.y+1:
```

```
        pathy += 1
        self.setCharAt(pathx,pathy,hallChar)
if pathx < dst.x+1:
    self.setCharAt(pathx,pathy,hallChar)
    while pathx < dst.x:
        pathx += 1
        self.setCharAt(pathx,pathy,hallChar)
else:
    self.setCharAt(pathx,pathy,hallChar)
    while pathx > dst.x + dst.width:
        pathx -= 1
        self.setCharAt(pathx,pathy,hallChar)
```

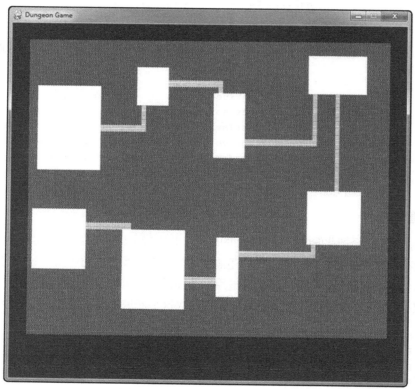

图 14.20　一个通道现在把北翼和南翼连接了起来

　　选择北边的哪个房间和南边连接，这完全取决于你。可能你会把北面左边的房间和南面右边的房间连接起来，在二者之间创建一条长长的、曲折蜿蜒的通道。对于这个例子，我们坚持使用一条简单的向下路径，它只需要向左或向右拐弯就能到达目标房间。

```
choice = random.randint(0,3)
print("choice:" + str(choice) + "," + str(choice+4))
self.createHallDown(self.rooms[choice],self.rooms[choice+4],hallChar)
```

 尝试使用一个水平通道来把垂直布局的房间连接起来，以改变地下城的整体外观。你甚至可以通过随机滚动来做出这样的修改，以便有时候不需要修改代码就能做到这一点。另一种可能会吸引人的地下城类型，是有一个较大的房间，其周围有一些小房间。重要的是，确保你的算法每次能创建一个合理的地下城，以便玩家不会得到一个不可能的关卡。

处理范围错误

当体验这样的代码的时候，例如，用各种算法来生成房间，通常会出现试图在屏幕范围之外绘制一个房间或一面墙的情况。确实会发生这种情况。

```
IndexError: list assignment index out of range
```

那么，当错误发生的时候捕获它们，而不是让游戏直接崩溃。捕获这样的错误，有助于诊断出逻辑 bug。首先，我们可以修改 Dungeon.setCharAt()，以便试图在地下城中设置一个贴图之前先检查范围。我们也可以修改 Dungeon.getCharAt()，尽管那里的错误会比较少。这个版本将会避免因为范围错误而导致程序崩溃。目的不是让用户继续玩游戏，而是在将要发生崩溃的时候通知你，以便修正 bug。我使用这一段代码解决了通道生成代码中的一个 bug，并且，当你尝试新的算法的时候，也需要使用这段代码。当游戏完成后，你可以安全地注释掉这段调试代码。

```
def getCharAt(self, x, y):
    if x < 0 or x > 79 or y < 0 or y > 44:
        print("error: x,y = ", x, y)
        return
    index = y * 80 + x
    if index < 0 or index > 80*45:
        print("error: index = ", index)
        return
    return self.tiles[index]

def setCharAt(self, x, y, char):
    if x < 0 or x > 79 or y < 0 or y > 44:
        print("error: x,y = ", x, y)
        return
    index = y * 80 + x
```

```
if index < 0 or index > 80*45:
    print("error: index = ", index)
    return
self.tiles[index] = char
```

 你想要让关卡中塞满了通道和房间吗？我们的生成程序留下了很多的空白空间，因为这里只有主要的房间和通道。使用可用的代码，我们还可以在任何未占用的区域生成较小的分支房间和通道。一些 Rogue 类游戏甚至添加一些通过隐藏的通道可以连接到的房间。

14.4 填充地下城

有两种方式来填充地下城：一种容易的方式和一种较难的方式。容易的方式只是将东西放入到贴图数组中，以便在该位置显示一个 ASCII 字符。然后，玩家可以根据 ASCII 代码与它交互。如果这个代码表示财宝，那么，玩家会捡起它。如果这个代码表示出口，那么玩家会向它移动。如果是一个怪兽，玩家会与之战斗。

较难的方式是维持对象（财宝、出入口和怪兽等）的一个辅助性的列表，并且在地下城结构的贴图之上绘制这些项。这会在编写和维护一些非常有挑战性的代码方面付出代价，但换来的好处是一个更加吸引人的显示外观。

有人可能会表示对两种技术都不支持，或者甚至建议其他的替代方案。为了让每个人都能够理解，我们打算在本章中使用较容易的方法。这不仅会使得编写代码没那么难，而且对于想要使用这款游戏作为 A.I.项目的试验测试平台的教学者来说，游戏也会变得更有用；并且，坚持使用包含游戏中所有内容的一个贴图列表，会使得代码更具有可访问性。

14.4.1 添加入口和出口

入口将会是某个房间中的一个贴图，它可以将玩家送回到之前的关卡中（或者，如果玩家在第一个关卡中的话，它可以将玩家送出地下城之外）。我们想要在一个房间中定位入口位置，以便玩家能够从该位置开始。如果出口不在同一个房间中，这是最好的，否则的话，玩家可以快速地跳过整个的关卡。首先，我们将选择一个随机的房间，然后将出口定位在该房间的中央。

```
choice = random.randint(0,7)
self.entrance_x = self.rooms[choice].x + self.rooms[choice].width//2
```

```
self.entrance_y = self.rooms[choice].y + self.rooms[choice].height//2
self.setCharAt(x,y,29) #entry portal
print("entrance:",choice,x,y)
```

我们为入口使用类变量，以便能够更容易地记录它，从而定位玩家。出口将会是该关卡中的一个随机的位置的贴图，它会把玩家带到下一个关卡中。在经典的 Rogue 游戏中，目标是到达最后一个关卡并且找到 Amulet of Yendor，然后再原路返回。

```
choice2 = random.randint(0,7)
while choice2 == choice:
    choice2 = random.randint(0,7)
x = self.rooms[choice2].x + self.rooms[choice2].width//2
y = self.rooms[choice2].y + self.rooms[choice2].height//2
self.setCharAt(x,y,30) #exit portal
print("exit:",choice2,x,y)
```

我们新的入口和出口代码的最终结果如图 14.21 所示。入口看上去像是一个"向上"的箭头，而出口看上去像是一个的"向下"箭头（ASCII 代码分别是 29 和 30）。如果愿意的话，你可以将其修改为不同的字符。看到了吧，使用这一"容易的"关卡数组，添加这

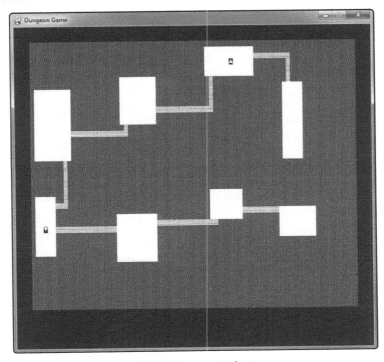

图 14.21　入口和出口

些贴图变得多么容易。只要将地下城中的任何位置设置为从 0 到 255 的任何代码，修改就会立即显示出来。你甚至可以添加新的秘密通道，或者制造"陷阱"。

14.4.2　添加金子

我们遵从老式的 Rogue 类游戏的做法，使用"G"来表示金子。要在整个关卡中添加随机的金子，只要选择一个随机的位置，检查以确保它不是一个实心的岩块（"background"或"empty"，字符是 175），这是一个具有点模式的字符，使其看上去像是黑灰色。如果愿意的话，可以修改这个字符，但是，要确保在你的代码中保持一致。为这些字符定义常量，也不是什么坏注意。但是，只要寻找房间代码，并且在房间中放置金子就好了，不要专门找空的贴图代码了。这会避免必须编写代码在通道中捡起金子，从而将游戏逻辑集中于房间中。

现在，我们添加一些随机的金子。首先，选择一个要放置的随机的数目，然后，将它们分散到关卡的有效的贴图上。在这里，能够参考 ASCII 表会使得工作变得很方便。图 14.22 展示了在关卡中随机放置金子的结果。为游戏添加这样的新功能，是不是很简单？这是因为我们构建了坚实的基础代码。

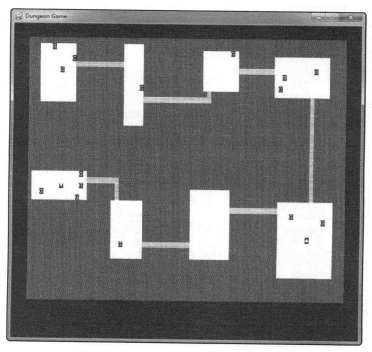

图 14.22　已经给关卡添加了随机的金子

```
drops = random.randint(5,20)
for n in range(1,drops):
    tile = 175
    while tile == 175:
        x = random.randint(0,79)
        y = random.randint(0,44)
        tile = self.getCharAt(x,y)
    self.setCharAt(x,y,70) #'G'
```

不要担心用这个随机代码会把物品放到其他物品之上。不会发生这种情况。算法会专门查找房间代码，以找到放置物品的位置，因此，之前在任何位置放置的物品，都将会修改了那里的代码。

14.4.3 添加武器、盔甲和生命值

除了金子，我们还想给玩家放置一些随机的物品，以便让地下城看上去像是之前被探索过，从而使其有一些特点。通常，每个关卡中有一个或两个武器或盔甲，在那里可怜的探险者可以遇到这些物品。在一些游戏中，当你杀死怪兽之后，它们会留下物品。使用上面给出的为关卡添加金子的代码，我们可以用同样的方式将任何想要添加的物品添加到关卡中。甚至可以设置一些陷阱式的物品，当玩家捡到这些物品的时候会受到伤害。当捡起一个物品或金子，当然，要将其添加到玩家的金子数额或库存中，通过将该贴图设置为房间或通道代码，从而将物品从关卡中删除。

那么，让我们给关卡添加一个"W"和一个"A"，分别表示一件武器和一件盔甲；还有两个"H"表示生命值（用来延长生命）。如图 14.23 所示。我们可以使用这段代码添加任何想要的物品。甚至有一些 ASCII 代码看上去像是某种物品（如果你发挥想象力的话）。你不需要记录这些物品的力量或者它们的值，因为当玩家捡起它们的时候，会生成那些随机数字。参见本章 14.5 节"高级游戏逻辑"部分了解捡拾物品的详细情况。

放置物品的代码，与放置金子的代码是相同的，因此，我们再次有一些代码需要放入可复用的方法中。让我们取出"金子代码"并且编写一个名为 Dungeon.putCharInRandomRoom() 的方法。这段代码将会被无数次复用，以添加你想要放到地下城中的东西，包括怪兽。在较低的关卡中，你可能想要限制生命值的数目，或者使得它们只能够增加少量的生命值，从而加大游戏的难度。毕竟，玩家通过找到这些物品可以获得免费的装备升级，所以，别让这些来得太容易。

```
self.putCharInRandomRoom(roomChar,86) #'W'
self.putCharInRandomRoom(roomChar,64) #'A'
self.putCharInRandomRoom(roomChar,71) #'H'
self.putCharInRandomRoom(roomChar,71) #'H'
```

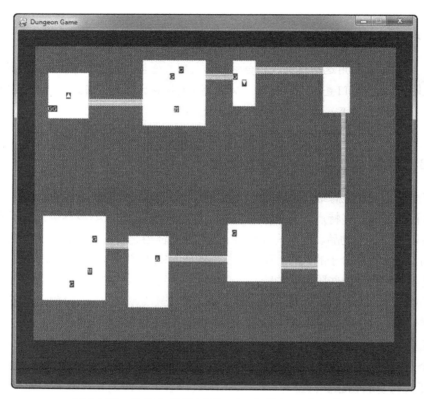

图 14.23　你能找到[W]武器、[A]盔甲和[H]生命值吗

如下是新的方法。

```
def putCharInRandomRoom(self,targetChar,itemChar):
    tile = 0
    while tile != targetChar:
        x = random.randint(0,79)
        y = random.randint(0,44)
        tile = self.getCharAt(x,y)
    self.setCharAt(x,y,itemChar)
```

14.4.4 添加怪兽

啊,怪兽!我们需要一个很好的、强壮的对手,以使得故事更为有趣。怪兽可以用任何的 ASCII 代码表示,所以,查看一下 ASCII 表找到外表确实有些奇怪的字符来表示怪兽。然后,使用我们为金子编写的相同的代码,将它们添加到关卡中。怪兽应该看上去很吓人。选择外观吓人的 ASCII 代码来表示怪兽。例如,任何这些字符▣, ○, ▣, @之一,可能表示一个经典的单眼"巨眼怪",而蛇怪则可能用? 或 B 来表示。在经典的 Rogue 类游戏逻辑中,随着玩家深入到更深的关卡,你想要让怪兽变得更加强壮而可怕;一开始在顶部则是一些基本的吓人的动物,如巨大的老鼠、狂野的狼群等。

我们可能想在主程序中而不是 Dungeon 类中管理怪兽,因为考虑到后者需要一些额外的工作。但是,为了便于开始学习,这里的一些代码将会添加几个"M"字符到地下城中。记住,这个字符只是一个占位符,其背后没有任何数据。当玩家遇到怪兽的时候,其所有的信息都是临时产生的。

```
num = random.randint(5,10)
for n in range(0,num):
    self.putCharInRandomRoom(roomChar,20)
```

14.4.5 完整的 Dungeon 类

我们在很短的时间内回顾了很多的代码。该游戏完整的源代码可以在第 14 章的资源文件中找到。在本章稍后,我们将回顾游戏的最终代码。现在,我们只是看看已经完成的 Dungeon 类的完整代码。这个文件名为 Dungeon.py。

```python
import sys, time, random, math, pygame
from pygame.locals import *
from MyLibrary import *


class Dungeon():
    def __init__(self,offsetx,offsety):
        #create the font sprite
        self.text = MySprite()
        self.text.load("ascii8x12.png", 8, 12, 32)
        #create the level list
        self.tiles = list()
```

```
        for n in range(0,80*45):
            self.tiles.append(-1)
        self.offsetx = offsetx
        self.offsety = offsety
        self.generate()

    def generate(self, emptyChar=175, roomChar=218, hallChar=177):
        self.emptyChar = emptyChar
        self.roomChar = roomChar
        self.hallChar = hallChar

        #clear existing level
        for index in range(0,80*45):
            self.tiles[index] = emptyChar

        #create random rooms
        PL = 4
        PH = 8
        SL = 5
        SH = 14
        self.rooms = list()
        self.createRoom(0,0,PL,PH,SL,SH)
        self.createRoom(20,0,PL,PH,SL,SH)
        self.createRoom(40,0,PL,PH,SL,SH)
        self.createRoom(60,0,PL,PH,SL,SH)
        self.createRoom(0,22,PL,PH,SL,SH)
        self.createRoom(20,22,PL,PH,SL,SH)
        self.createRoom(40,22,PL,PH,SL,SH)
        self.createRoom(60,22,PL,PH,SL,SH)

        #connect the rooms with halls
        self.createHallRight(self.rooms[0],self.rooms[1],hallChar)
        self.createHallRight(self.rooms[1],self.rooms[2],hallChar)
        self.createHallRight(self.rooms[2],self.rooms[3],hallChar)
        self.createHallRight(self.rooms[4],self.rooms[5],hallChar)
        self.createHallRight(self.rooms[5],self.rooms[6],hallChar)
        self.createHallRight(self.rooms[6],self.rooms[7],hallChar)

        #choose a random northern room to connect with the south
        choice = random.randint(0,3)
        print("choice:" + str(choice) + "," + str(choice+4))
        self.createHallDown(self.rooms[choice],self.rooms[choice+4],hallChar)
```

```
#add rooms to level
for room in self.rooms:
    for y in range(room.y,room.y+room.height):
        for x in range(room.x,room.x+room.width):
            self.setCharAt(x, y, roomChar)

#add entrance portal
choice = random.randint(0,7)
self.entrance_x = self.rooms[choice].x + self.rooms[choice].width//2
self.entrance_y = self.rooms[choice].y + self.rooms[choice].height//2
self.setCharAt(self.entrance_x,self.entrance_y,29) #entry portal
print("entrance:",choice,self.entrance_x,self.entrance_y)

#add entrance and exit portals
choice2 = random.randint(0,7)
while choice2 == choice:
    choice2 = random.randint(0,7)
x = self.rooms[choice2].x + self.rooms[choice2].width//2
y = self.rooms[choice2].y + self.rooms[choice2].height//2
self.setCharAt(x,y,30) #exit portal
print("exit:",choice2,x,y)

#add random gold
drops = random.randint(5,20)
for n in range(1,drops):
    self.putCharInRandomRoom(roomChar,70) #'G'

#add weapon, armor, and health potiions
self.putCharInRandomRoom(roomChar,86) #'W'
self.putCharInRandomRoom(roomChar,64) #'A'
self.putCharInRandomRoom(roomChar,71) #'H'
self.putCharInRandomRoom(roomChar,71) #'H'

#add some monsters
 num = random.randint(5,10)
 for n in range(0,num):
     self.putCharInRandomRoom(roomChar,20)

def putCharInRandomRoom(self,targetChar,itemChar):
    tile = 0
    while tile != targetChar:
        x = random.randint(0,79)
        y = random.randint(0,44)
```

```
            tile = self.getCharAt(x,y)
        self.setCharAt(x,y,itemChar)
    def createRoom(self,x,y,rposx,rposy,rsizel,rsizeh):
        room = Rect(x + random.randint(1,rposx),
                    y + random.randint(1,rposy),
                    random.randint(rsizel,rsizeh),
                    random.randint(rsizel,rsizeh))
                    self.rooms.append(room)

    def createHallRight(self,src,dst,hallChar):
        pathx = src.x + src.width
        pathy = src.y + random.randint(1,src.height-2)
        self.setCharAt(pathx,pathy,hallChar)
        if pathy > dst.y and pathy < dst.y + dst.height:
            while pathx < dst.x:
                pathx += 1
                self.setCharAt(pathx,pathy,hallChar)
        else:
            while pathx < dst.x+1:
                pathx += 1
                self.setCharAt(pathx,pathy,hallChar)
            if pathy < dst.y+1:
                self.setCharAt(pathx,pathy,hallChar)
                while pathy < dst.y:
                    pathy += 1
                    self.setCharAt(pathx,pathy,hallChar)
            else:
                self.setCharAt(pathx,pathy,hallChar)
                while pathy > dst.y + dst.height:
                    pathy -= 1
                    self.setCharAt(pathx,pathy,hallChar)

    def createHallDown(self,src,dst,hallChar):
        pathx = src.x + random.randint(1,src.width-2)
        pathy = src.y + src.height
        self.setCharAt(pathx,pathy,hallChar)
        if pathx > dst.x and pathx < dst.x + dst.width:
            while pathy < dst.y:
                pathy += 1
                self.setCharAt(pathx,pathy,hallChar)
        else:
            while pathy < dst.y+1:
                pathy += 1
```

```
                    self.setCharAt(pathx,pathy,hallChar)
            if pathx < dst.x+1:
            self.setCharAt(pathx,pathy,hallChar)
            while pathx < dst.x:
                pathx += 1
                self.setCharAt(pathx,pathy,hallChar)
        else:
            self.setCharAt(pathx,pathy,hallChar)
            while pathx > dst.x + dst.width:
                pathx -= 1
                self.setCharAt(pathx,pathy,hallChar)

def getCharAt(self, x, y):
    if x < 0 or x > 79 or y < 0 or y > 44:
        print("error: x,y = ", x, y)
        return
    index = y * 80 + x
    if index < 0 or index > 80*45:
        print("error: index = ", index)
        return
    return self.tiles[index]

def setCharAt(self, x, y, char):
    if x < 0 or x > 79 or y < 0 or y > 44:
        print("error: x,y = ", x, y)
        return
    index = y * 80 + x
    if index < 0 or index > 80*45:
        print("error: index = ", index)
        return
    self.tiles[index] = char

def draw(self, surface):
    for y in range(0,45):
        for x in range(0,80):
            char = self.getCharAt(x,y)
            if char >= 0 and char <= 255:
                self.draw_char(surface, x, y, char)
            else:
                pass #empty tile

def draw_char(self, surface, tilex, tiley, char):
    self.text.X = self.offsetx + tilex * 8
```

```
self.text.Y = self.offsety + tiley * 12
self.text.frame = char
self.text.last_frame = char
self.text.update(0)
self.text.draw(surface)
```

14.4.6 添加玩家的角色

我们现在有了一个可以玩的随机地下城关卡生成器，并且已经向地下城中填充了一些内容。玩家的角色（PC）是一个特殊的字符，它不只是添加到地下城那么简单，还要有单独的变量来维护它。毕竟，我们必须记录玩家的状态。最好是通过一个定制的 **Player** 类来做到这点。游戏开始的时候，通常玩家可以参与"滚动"角色的状态。针对本章的示例，我们只是随机地填充它们，但是，你可能想要给自己的游戏添加一项功能，从而在继续进行之前，你可以定制玩家或重新滚动状态。

玩家变量将是全局的，而不是 Dungeon 类的一部分。因此，让我们假设玩家的对象在地下城对象之前创建（在主程序代码中），并且从那里开始。当生成一个关卡的时候，我们只是使用 **Dungeon.entrance_x** 和 **Dungeon.entrance_y** 变量来定位玩家。现在，我们只是简略地看看代码，因为后面将会给出主文件的完整代码。

```
dungeon.generate()
player.x = dungeon.entrance_x+1
player.y = dungeon.entrance_y+1
```

Player 类

Player 类拥有了管理玩家的状态和位置所需的所有变量和方法，我们会把玩家的 ASCII 字符和地下城的其他部分分开单独绘制，玩家会绘制在地下城贴图之上。现在，这里是一个高度开发的 **Player** 类，带有一个名为 **Die** 的辅助函数，该函数用来模拟色子滚动并产生随机数。这个类将会添加到一个名为 **Player.py** 的、新的 Python 源代码文件中。为了更加完整，还是要注意所必需的 **import** 语句。注意，Monster 类已经添加到了该代码列表的底部，因为它直接继承自 **Player**。

```
import sys, time, random, math, pygame
from pygame.locals import *
from MyLibrary import *
from Dungeon import *
def Die(faces):
```

```
        roll = random.randint(1,faces)
        return roll

class Player():
    def __init__(self,dungeon,level,name):
        self.dungeon = dungeon
        self.alive = True
        self.x = 0
        self.y = 0
        self.name = name
        self.gold = 0
        self.experience = 0
        self.level = level
        self.weapon = level
        self.weapon_name = "Club"
        self.armor = level
        self.armor_name = "Rags"
        self.roll()

    def roll(self):
        self.str = 6 + Die(6) + Die(6)
        self.dex = 6 + Die(6) + Die(6)
        self.con = 6 + Die(6) + Die(6)
        self.int = 6 + Die(6) + Die(6)
        self.cha = 6 + Die(6) + Die(6)
        self.max_health = 10 + Die(self.con)
        self.health = self.max_health

    def levelUp(self):
        self.str += Die(6)
        self.dex += Die(6)
        self.con += Die(6)
        self.int += Die(6)
        self.cha += Die(6)
        self.max_health += Die(6)
        self.health = self.max_health
    def draw(self,surface,char):
        self.dungeon.draw_char(surface,self.x,self.y,char)

    def move(self,movex,movey):
        char = self.dungeon.getCharAt(self.x + movex, self.y + movey)
        if char not in (self.dungeon.roomChar,self.dungeon.hallChar):
            return False
```

```
        else:
            self.x += movex
            self.y += movey
            return True

    def moveUp(self): return self.move(0,-1)
    def moveDown(self): return self.move(0,1)
    def moveLeft(self): return self.move(-1,0)
    def moveRight(self): return self.move(1,0)

    def addHealth(self,amount):
        self.health += amount
        if self.health < 0:
            self.health = 0
        elif self.health > self.max_health:
            self.health = self.max_health

    def addExperience(self,xp):
        cap = math.pow(10,self.level)
        self.experience += xp
        if self.experience > cap:
            self.levelUp()

    def getAttack(self):
        attack = self.str + Die(20)
        return attack

    def getDefense(self):
        defense = self.dex + self.armor
        return defense
    def getDamage(self,defense):
        damage = Die(8) + self.str + self.weapon - defense
        return damage

class Monster(Player):
    def __init__(self,dungeon,level,name):
        Player.__init__(self,dungeon,level,name)
        self.gold = random.randint(1,4) * level
        self.str = 1 + Die(6) + Die(6)
        self.dex = 1 + Die(6) + Die(6)
```

移动玩家角色

现在，我们已经做好了足够的准备，可以移动和绘制玩家角色了（这将给 character

这个单词带来全新的含义）。在主程序的事件处理程序中，我们将响应键盘按下事件，以便移动玩家角色。所发生的事情是，我们试图向 4 个方向中的某一个来移动玩家。如果该方向被房间或通道代码以外的任何其他代码所阻塞，那么，这是一个对象，我们应该对其做出响应，然后再移动过去。注意，事件处理程序的一些代码在这里省略了，以便我们能够集中精力关注重要的内容。

```
if event.key == K_ESCAPE: sys.exit()

elif event.key == K_SPACE:
    dungeon.generate(TILE_EMPTY,TILE_ROOM,TILE_HALL)
    player.x = dungeon.entrance_x+1
    player.y = dungeon.entrance_y+1

elif event.key==K_UP or event.key==K_w:
    if player.moveUp() == False:
        playerCollision(0,-1)

elif event.key==K_DOWN or event.key==K_s:
    if player.moveDown() == False:
        playerCollision(0,1)

elif event.key==K_RIGHT or event.key==K_d:
    if player.moveRight() == False:
        playerCollision(1,0)

elif event.key==K_LEFT or event.key==K_a:
    if player.moveLeft() == False:
        playerCollision(-1,0)
```

当按下向上、向下、向左或向右键的时候，我们通过调用 Player.MoveUp()、Player.MoveDown() 等方法来"模拟"在该方向上的移动。如果移动是合法的，这些方法将返回 True，如果该方向上有障碍物，这些方法会返回 False。如果发生后一种情况，我们需要响应与障碍物之间的"冲突"。这是通过主程序中的一个名为 playerCollision() 的辅助函数来处理的。这里是一些早期的代码，只是试图验证障碍物并且向控制台打印出消息。但是，对于完整的游戏来说，我们只需要这些就够了。现在，如果玩家试图向一堵墙移动，游戏不会让他们那么做。

```
def playerCollision(stepx,stepy):
    global TILE_EMPTY,TILE_ROOM,TILE_HALL,dungeon,player,level
    char = dungeon.getCharAt(player.x + stepx, player.y + stepy)
    if char == 29: #portal up
```

```
        print("portal up")
    elif char == 30: #portal down
        print("portal down")
    elif char == TILE_EMPTY: #wall
        print("You ran into the wall--ouch!")
```

14.5　高级游戏逻辑

在本节中，我们将介绍一些高级游戏逻辑选项，它们给游戏带来生机，这包括战斗、可见性、物品捡拾、A.I.移动等。到目前位置，我们有了一个具备完全交互性但游戏逻辑还不完整的游戏，其中 Dungeon、Player、Monster 类都已经完成了。为了弥补游戏逻辑的问题，我们将包含一个完整的代码列表，每次给出一部分。让我们先从初始化开始。要让游戏运行，确保要把 Dungeon.py 和 Player.py 文件以及 ASCII 字体文件 ascii8x12.png 都包含到同一目录下。

```
import sys, time, random, math, pygame
from pygame.locals import *
from MyLibrary import *
from Dungeon import *
from Player import *


def game_init():
    global screen, backbuffer, font1, font2, timer
    pygame.init()
    screen = pygame.display.set_mode((700,650))
    backbuffer = pygame.Surface((700,650))
    pygame.display.set_caption("Dungeon Game")
    font1 = pygame.font.SysFont("Courier New", size=18, bold=True)
    font2 = pygame.font.SysFont("Courier New", size=14, bold=True)
    timer = pygame.time.Clock()


def Die(faces):
    roll = random.randint(1,faces)
    return roll
```

14.5.1　捡拾物品

要能够捡拾物品，玩家必须有一个库存，其中假设他已经有了某些物品的备份。我们可以做任何想要的假设，但是，库存系统需要有一些设计和规划。我们不能只是向列表中添加物品。如何显示这些物品呢？游戏中并没有显示库存系统的功能。可能需要一个辅助的界面，它可以隐藏地下城并显示库存。这是一个可行的办法，但是并不是我们要在本章中实现的做法。如果你愿意的话，我鼓励你尝试一下这种思路，但是，我们坚持用简单的方法来处理武器和盔甲。

简单的方法是，玩家有一个攻击和防守值可以用于与怪兽战斗。当你在地下城中捡拾到一件武器或盔甲的时候，如果该物品比当前所拥有的物品要好，那么会自动装备它。如果不是，就将其转换为金子。一款较为复杂的 Rogue 类游戏，甚至可能会让你回到商店并卖掉该物品，但是，这是另一个相当复杂的功能，需要花很长的时间才能解释清楚，并且这也超出了本书的讨论范围。我们需要一整本书来阐述这些思路，实际上，已经有关于它们的整本书了。

此前，我们给游戏添加了几种物品（"W"、"A"、"G"和"H"），因此，让我们先来处理它们，然后，我们可以使用类似的代码来处理想要添加到游戏中的任何的物品。为了做到这点，我们再次回到 playerCollision() 函数，它位于主程序代码中。如下是捡拾金子的一个示例。

```python
def playerCollision(stepx,stepy):
    global TILE_EMPTY,TILE_ROOM,TILE_HALL,dungeon,player,level
    yellow = (220,220,0)
    green = (0,220,0)

    #get object at location
    char = dungeon.getCharAt(player.x + stepx, player.y + stepy)

    if char == 29: #portal up
        message("portal up")

    elif char == 30: #portal down
        message("portal down")

    elif char == TILE_EMPTY: #wall
        message("You ran into the wall--ouch!")

    elif char == 70: #gold
        gold = random.randint(1,level)
        player.gold += gold
        dungeon.setCharAt(player.x+stepx, player.y+stepy, TILE_ROOM)
        message("You found " + str(gold) + " gold!", yellow)
```

要处理武器，我们需要查找用于武器放置的 ASCII 代码。在 Dungeon 类中，这是一个"W"字符，其 ASCII 代码是 86。当玩家捡拾起一个"W"的时候，我们将编写一些代码，给玩家一款随机的、新的武器，如图 14.24 所示。

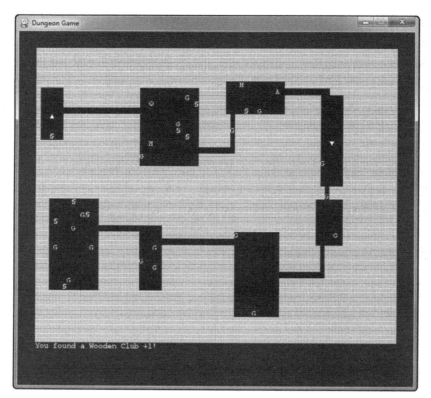

图 14.24 捡拾一件新的武器

```
elif char == 86: #weapon
    weapon = random.randint(1,level+2)
    if level <= 5: #low levels get crappy stuff
        temp = random.randint(0,2)
    else:
        temp = random.randint(3,6)
    if temp == 0: name = "Dagger"
    elif temp == 1: name = "Short Sword"
    elif temp == 2: name = "Wooden Club"
    elif temp == 3: name = "Long Sword"
    elif temp == 4: name = "War Hammer"
    elif temp == 5: name = "Battle Axe"
    elif temp == 6: name = "Halberd"
    if weapon >= player.weapon:
        player.weapon = weapon
```

```
        player.weapon_name = name
        message("You found a " + name + " +" + str(weapon) + "!",yellow)
    else:
        player.gold += 1
        message("You discarded a worthless " + name + ".")
    dungeon.setCharAt(player.x+stepx, player.y+stepy, TILE_ROOM)
```

我们将使用类似的代码处理盔甲的捡拾。盔甲物品的字符是"A"，ASCII 代码是 64。

```
elif char == 64: #armor
    armor = random.randint(1,level+2)
    if level <= 5: #low levels get crappy stuff
        temp = random.randint(0,2)
    else:
        temp = random.randint(3,7)
    if temp == 0: name = "Cloth"
    elif temp == 1: name = "Patchwork"
    elif temp == 2: name = "Leather"
    elif temp == 3: name = "Chain"
    elif temp == 4: name = "Scale"
    elif temp == 5: name = "Plate"
    elif temp == 6: name = "Mithril"
    elif temp == 7: name = "Adamantium"
    if armor >= player.armor:
        player.armor = armor
        player.armor_name = name
        message("You found a " + name + " +" + str(armor) + "!",yellow)
    else:
        player.gold += 1
        message("You discarded a worthless " + name + ".")
    dungeon.setCharAt(player.x+stepx, player.y+stepy, TILE_ROOM)
```

最后，我们还要捡拾治疗药剂，字符是"H"，ASCII 代码是 71。

```
elif char == 71: #health
    heal = 0
    for n in range(0,level):
        heal += Die(6)
    player.addHealth(heal)
    dungeon.setCharAt(player.x+stepx, player.y+stepy, TILE_ROOM)
    message("You drank a healing potion worth " + str(heal) + \
        " points!", green)
```

距离我们此前看到过的游戏构建已经有一段时间了，因此，让我们现在再看看它是什么样的。message()函数是一个辅助函数，它会在地下城的下方显示动作消息。为了保持多样性，房间字符已经用空格来替代了，它是黑色的。

现在，房间是黑色的，而外围的地下城看上去是实心的。你可以使用任意的主题，或者完全是你想要的另一个主题。这里只是为了展示选择的多样性。

14.5.2　与怪兽战斗

在大多数 RPG 游戏中，战斗都遵从非常具体的规则，我们也将模拟这个过程。现代 RPG 游戏中，对战斗的基本假设可能与 Rogue 中的做法不同，但是我们将竭尽全力让战斗变得有趣。战斗中涉及以下 3 个因素。

◎　防守者的防守值。

◎　攻击者的攻击值。

◎　攻击者的毁灭值。

你可能会注意到，Player 类中已经有几个方法是用来做这些事情的，因此，我们在代码方面已经做了一些准备。让我们深入研究计算方法，以理解战斗是如何进行的。

计算防御值

要计算一次攻击所使用的防御值，我们使用如下的公式（防御值决定了攻击是否成功）。

```
Defense = DEXTERITY + Armor Value
```

我们来看看它，在这里，我们打算对怪兽的盔甲进行虚拟，根据当前的地下城关卡，给出一个随机数用于盔甲。因此，给定了当前的地下城关卡，我们将其与一个随机数字相乘。假设当前的地下城关卡是 5。因此，不管给怪兽的灵敏值数字是多少，它都将会乘以 5。

计算攻击值

计算攻击值的公式如下。

```
Attack = STRENGTH + D20
```

"D20" 的意思是滚动一个有 20 面的色子。用这么多个面的色子，使得攻击值有一个很广的范围。这能反映出了战斗的不同效果，其中一些攻击完全忽略，另一些则击中了敌人。我们将攻击值与怪兽的防御值进行比较。如果攻击值大于防御值，那么"攻击"成功。接下来计算毁灭值。

计算毁灭值

如果攻击成功，那么，防御者会遭到损失。损失的程度根据如下的公式计算。

```
Damage = D8 + STRENGTH + Weapon Damage - Defense
```

正如你所看到的，防御值用了两次，第一次用来计算攻击值，第二次用来计算毁灭值。这很好！这意味着，防御者的状态对于游戏逻辑来说非常重要。

战斗回合

游戏一次只能识别一次战斗。当玩家攻击怪兽的时候，没法回退，也没法逃跑。一个全局的 monster 对象将会记住当前怪兽被攻击。

```
monster = Monster(dungeon,level,"Grue")
```

击中怪兽

遗憾的是，要构建这样的一个真正全面的攻击系统，我们需要把每个怪兽都单独地记录到一个列表中，这远远超出了单个一章的项目的规模。因此，我们打算偷点懒。针对记录攻击次数、毁灭值等等的所有逻辑，本来都应该在 Player 中已经编写的方法中实现，但这里的一次攻击将杀死每个怪兽。困难之处在于，考虑最终对玩家造成了多大的毁灭值。如果玩家的盔甲类经不起任何重击的话，一些高级的怪兽可能只需要轻轻吹口气，就能够杀死玩家。攻击会在多个回合中继续的唯一情况是，玩家完全错过了攻击。

我们可以再次使用 playerCollision()函数来攻击怪兽。

```
elif char == 20: #monster
    attack_monster(player.x+stepx, player.y+stepy, 20)
```

我们现在来编写重要的功能。处理击打、攻击值、毁灭值和防御值充满了乐趣。战斗计算往往是构建 RPG 过程中最值得享受的部分。如果你想要提高或改进逻辑，欢迎你制作自己的游戏。图 14.25 展示了和 Grue 的一次战斗的结果。注意，当 Grue 死去后，它放下了金子。你能发现玩家吗？他在左下角的房间中。

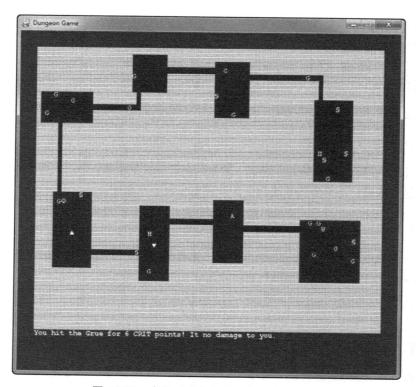

图 14.25　在地下城中打败一个险恶的 Grue

```
def attack_monster(x,y,char):
    global dungeon, TILE_ROOM
    monster = Monster(dungeon,level,"Grue")

    #player's attack
    defense = monster.getDefense()
    attack = player.getAttack()
    damage = player.getDamage(defense)
    battle_text = "You hit the " + monster.name + " for "
    if attack == 20 + player.str: #critical hit?
        damage *= 2
        battle_text += str(damage) + " CRIT points!"
        dungeon.setCharAt(x, y, 70) #drop gold
    elif attack > defense: #to-hit?
        if damage > 0:
            battle_text += str(damage) + " points."
            dungeon.setCharAt(x, y, 70) #drop gold
```

```
        else:
            battle_text += "no damage!"
            damage = 0
    else:
        battle_text = "You missed the " + monster.name + "!"
        damage = 0

    #monster's attack
    defense = player.getDefense()
    attack = monster.getAttack()
    damage = monster.getDamage(defense)
    if attack > defense: #to-hit?
        if damage > 0:
            #if damage is overwhelming, halve it
            if damage > player.max_health: damage /= 2
            battle_text += " It hit you for " + str(damage) + " points."
            player.addHealth(-damage)
        else:
            battle_text += " It no damage to you."
    else:
        battle_text += " It missed you."
    #display battle results
    message(battle_text)

    #did the player survive?
    if player.health <= 0: player.alive = False
```

14.5.3 移动怪兽

移动怪兽的时候，我们有很多选择，并且这取决于你想要怪兽在游戏中做什么。我们真的不想让它们立即开始追逐玩家。但是，如果玩家偶尔遇到怪兽会怎样呢？如果玩家足够接近，怪兽肯定会朝着玩家移动！只是记住，这是一个基于回合的游戏，因此，只有当玩家移动的时候才会发生这种情况。我们可以借助某些可见性的代码来看看，何时玩家与怪兽已经足够接近，从而触发 A.I.代码开始移动。确保怪兽不会穿过墙、金子或任何其他物品，这一点是很重要的。在我们"简单的"地下城贴图算法中，如果怪兽移动到金子上或任何其他物品上，怪兽的代码会擦除掉这些物品。

让我们首先在用户输入部分的代码中插入一些逻辑，以便当玩家移动的时候怪兽也将移动。在事件处理程序的主循环中可以找到这段代码。

```
    elif event.key==K_UP or event.key==K_w:
        if player.moveUp() == False:
            playerCollision(0,-1)
        else:
            move_monsters()

    elif event.key==K_DOWN or event.key==K_s:
        if player.moveDown() == False:
            playerCollision(0,1)
        else:
            move_monsters()

    elif event.key==K_RIGHT or event.key==K_d:
        if player.moveRight() == False:
            playerCollision(1,0)
        else:
            move_monsters()
    elif event.key==K_LEFT or event.key==K_a:
        if player.moveLeft() == False:
            playerCollision(-1,0)
        else:
            move_monsters()
```

尽管 Monster 类继承自 Player，并且它因此也有移动方法可用，但我们不能使用其移动方法。贴图地图中的怪兽只是一个占位符，直到玩家碰到它们为止。不，我们必须用新的代码在地下城中移动怪兽。有了 **move_monsters()** 和 **move_monster()** 这两个辅助函数，每次玩家移动的时候，怪兽也会移动！更好的事情是，它们会在当前房间中移动，而不会走过任何物品或者碰到任何墙体。

```
def move_monsters():
    #find monsters
    for y in range(0,44):
    for x in range(0,79):
        tile = dungeon.getCharAt(x,y)
        if tile == 20: #monster?
            move_monster(x,y,20)

def move_monster(x,y,char):
    global TILE_ROOM
    movex = 0
    movey = 0
    dir = random.randint(1,4)
```

```
if dir == 1: movey = -1
elif dir == 2: movey = 1
elif dir == 3: movex = -1
elif dir == 4: movex = 1
c = dungeon.getCharAt(x + movex, y + movey)
if c == TILE_ROOM:
    dungeon.setCharAt(x, y, TILE_ROOM) #delete old position
    dungeon.setCharAt(x+movex, y+movey, char) #move to new position
```

14.5.4 可见性范围

我们必须承认：如果你能够从一个鸟瞰图的视角立即看到整个关卡的话，这款游戏真的就没那么可怕了。我们需要实现的是，设计出隐藏在玩家可见范围之外的所有内容。一些 Rouge 类游戏倾向于揭示关卡，并且在玩家探险的过程中保持关卡是可见的，以此作为一种内建的地图系统。随着你玩游戏，会揭示出一些地下城，但是，由于光线问题，黑暗的地区不再可见。这真的是不错的功能，它增加了游戏逻辑的深度。我们能做到直接创建类似的效果，而不需要编写复杂的代码吗？要将所有内容隐藏起来不让玩家看到，需要一个光线投射系统。靠编写代码很难做到这一点，并且，我们可能需要超出一章的篇幅才能解释清楚这些代码。

要学习如何为游戏光线投射系统的算法，可以阅读我的另外一本书 Visual C# Game Programming for Teens，这本书 2011 年由 Course PTR 出版。整本书都专门介绍 RPG 技术。

要揭示关卡并保持其可见，需要给每个贴图添加一个额外的标志，以确定是否能够看到它。这需要对地下城的代码进行修改，而我现在还不打算这么做。我们将采取一种简单但有效的方法，模拟围绕着玩家的一束手电光。这会给游戏逻辑添加一个有趣的新的维度。如果玩家用完了灯油或者蜡烛，该怎么办呢？我们可以把玩家的可见区域缩小为一个很小的圆圈，但是，如果玩家有了光源的话，我们再扩大这个圆圈。你只能看到自己几步远的周围的地方，是不是很恐怖？

这比人们所期待的要简单多了。我们所必须做的是，回到 Dungeon.draw()方法，复制它，并省略距离玩家一定范围之外的任何贴图。或者，传递给该方法新的参数、位置和半径，并且让它只是在该范围内绘制贴图。由于这是对游戏的一个显著改变，我们将把它作为一个可选项，而不是任何时候都有的现象。我们把这个新的方法叫作 Dungeon.draw_radius()。如此少量的代码，就产生了如图 14.26 所示的显著效果。

```
def draw_radius(self, surface, rx, ry, radius):
    left = rx - radius
    if left < 0: left = 0
    top = ry - radius
    if top < 0: top = 0
    right = rx + radius
    if right > 79: right = 79
    bottom = ry + radius
    if bottom > 44: bottom = 44

    for y in range(top,bottom):
        for x in range(left,right):
            char = self.getCharAt(x,y)
            if char >= 0 and char <= 255:
                self.draw_char(surface, x, y, char)
```

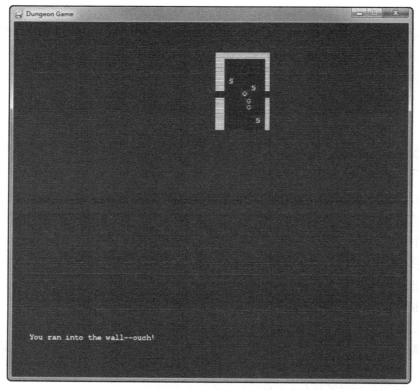

图 14.26　现在，我们只能看到玩家的灯所能照射到的距离。哦，真吓人

14.5.5　退出关卡

玩家可能会遇到一个入口，回到上一个关卡，或者一个出口，进入下一个关卡。这些"出口"可能直接就是关卡之间的楼梯或通道，而不是一个真正的逻辑上的连接点，但是，游戏代码会把它们当作连接点对待。在碰到一个入口的时候，当前的关卡将会减少1，并且关卡重新生成。一款真正经过打磨并带有详细内容去发布的 Rogue 类游戏，将会记录下关卡，以防止玩家只是通过进入或走出出口，以便用金子或其他物品再次填充关卡，从而进行作弊。当一个房间清除之后，应该让物品保持为清除后的状态，但可能怪兽稍后要重新产生。我们已经检查了玩家何时会碰到入口或出口，因此，只需要更新关卡变量并且重新滚动地下城。

14.5.6　结束游戏逻辑

现在是时候结束这款游戏了。我们需要添加一些基本的内容，例如，显示当前观看、玩家的状态和金子，以及其他的细节信息。我们将在这里回顾基本的代码，并且可以使用这些代码来显示你想要在游戏中显示的任何其他信息。

打印游戏状态

如下的函数，处理了屏幕上出现的大多数信息，这些信息和玩家的状态、当前的地下城关卡等有关。

```python
def print_stats():
    print_text(font2, 0, 615, "STR")
    print_text(font2, 40, 615, "DEX")
    print_text(font2, 80, 615, "CON")
    print_text(font2, 120, 615, "INT")
    print_text(font2, 160, 615, "CHA")
    print_text(font2, 200, 615, "DEF")
    print_text(font2, 240, 615, "ATT")
    fmt = "{:3.0f}"
    print_text(font2, 0, 630, fmt.format(player.str))
    print_text(font2, 40, 630, fmt.format(player.dex))
    print_text(font2, 80, 630, fmt.format(player.con))
    print_text(font2, 120, 630, fmt.format(player.int))
    print_text(font2, 160, 630, fmt.format(player.cha))
    print_text(font2, 200, 630, fmt.format(player.getDefense()))
```

```
#get average damage
global att,attlow,atthigh
att[0] = att[1]
att[1] = att[2]
att[2] = att[3]
att[3] = att[4]
att[4] = (player.getAttack() + att[0] + att[1] + att[2] + att[3]) // 5
if att[4] < attlow: attlow = att[4]
elif att[4] > atthigh: atthigh = att[4]
print_text(font2, 240, 630, str(attlow) + "-" + str(atthigh))

print_text(font2, 300, 615, "LVL")
print_text(font2, 300, 630, fmt.format(player.level))
print_text(font2, 360, 615, "EXP")
print_text(font2, 360, 630, str(player.experience))

print_text(font2, 440, 615, "WPN")
print_text(font2, 440, 630, str(player.weapon) + ":" + player.weapon_name)
print_text(font2, 560, 615, "ARM")
print_text(font2, 560, 630, str(player.armor) + ":" + player.armor_name)

print_text(font2, 580, 570, "GOLD " + str(player.gold))
print_text(font2, 580, 585, "HLTH " + str(player.health) + "/" + \
    str(player.max_health))
```

通用消息

游戏需要一种一致的方式来显示与游戏中发生的事情相关的信息，例如，战斗轮次等等。message()函数负责这些，并且稍后会有真正的消息打印出来。

```
def message(text,color=(255,255,255)):
    global message_text, message_color
    message_text = text
    message_color = color
```

剩余代码

最后，我们来看看 Game.py 中的主程序逻辑。到目前为止，我们在 Player.py 和 Dungeon.py 中已经有两个主要的辅助类，它们主要负责清理 Game.py 中的代码，而 Game.py 中的代码我们在前面已经回顾过了。现在，我们展示的只是游戏的核心逻辑。考虑到核心逻辑所做的事情，其代码真的算是很简单了。我们已经看过了事件处理代码，但这里会再次给出，以保持代码的完整性。

```
#define ASCII codes used for dungeon
TILE_EMPTY = 177
TILE_ROOM = 31
TILE_HALL = 31

#main program begins
game_init()
game_over = False
last_time = 0
dungeon = Dungeon(30, 30)
dungeon.generate(TILE_EMPTY,TILE_ROOM,TILE_HALL)
player = Player(dungeon, 1, "Player")
player.x = dungeon.entrance_x+1
player.y = dungeon.entrance_y+1
level = 1
message_text = "Welcome, brave adventurer!"
message_color = 0,200,50
draw_radius = False

#used to estimate attack damage
att = list(0 for n in range(0,5))
attlow=90
atthigh=0

#main loop
while True:
    timer.tick(30)
    ticks = pygame.time.get_ticks()

    #event section
    for event in pygame.event.get():
        if event.type == QUIT: sys.exit()
        elif event.type == KEYDOWN:
            if event.key == K_ESCAPE: sys.exit()
            elif event.key == K_TAB:

                #toggle map mode
                draw_radius = not draw_radius
            elif event.key == K_SPACE:
                dungeon.generate(TILE_EMPTY,TILE_ROOM,TILE_HALL)
                player.x = dungeon.entrance_x+1
                player.y = dungeon.entrance_y+1
```

```
        elif event.key==K_UP or event.key==K_w:
            if player.moveUp() == False:
                playerCollision(0,-1)
            else:
                move_monsters()
        elif event.key==K_DOWN or event.key==K_s:
            if player.moveDown() == False:
                playerCollision(0,1)
            else:
                move_monsters()
        elif event.key==K_RIGHT or event.key==K_d:
            if player.moveRight() == False:
                playerCollision(1,0)
            else:
                move_monsters()
        elif event.key==K_LEFT or event.key==K_a:
            if player.moveLeft() == False:
                playerCollision(-1,0)
            else:
                move_monsters()

#clear the background
backbuffer.fill((20,20,20))

#draw the dungeon
if draw_radius:
    dungeon.draw_radius(backbuffer, player.x, player.y, 6)
else:
    dungeon.draw(backbuffer)

#draw the player's little dude
player.draw(backbuffer,0)

#draw the back buffer
screen.blit(backbuffer, (0,0))

print_text(font1, 0, 0, "Dungeon Level " + str(level))
print_text(font1, 600, 0, player.name)
#special message text
print_text(font2, 30, 570, message_text, message_color)
print_stats()
pygame.display.update()
```

灯的模式是可以切换的（通过 Tab 键切换），并且所有的信息会显示在屏幕上，我们的游戏现在终于完成了。参见图 14.27 所示的最终结果。

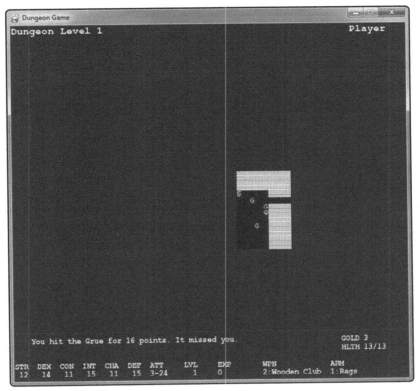

图 14.27　在给这款不错的 Rogue 类游戏添加众多功能后，我们的 RPG 终于完成了

14.6　小结

本章付出了很大的努力来构建一款老式的 RPG 游戏。篇幅有限，我认为我们已经成功地实现了游戏逻辑中最重要的方面。虽然对这款游戏我们还有很多可做的事情，但是，当我们讨论游戏编程的时候，可能会涉及所有这些内容。我相信，你可以在本章示例之上做一些有趣的事情。

挑战

1. 实现进入入口回到上一关卡，或者进入下一关卡。为了做到这点，我们需要深入到随机模块中，看看如何设置一个通用的随机数种子，以便每次玩游戏的时候，看到的随机地下城关卡都是相同的。我们不想让关卡永远重复，只是在单次运行过程中相同就行了。

2. 除了已经添加的一群怪兽之外，给游戏添加一些更有趣的怪兽。通过编写更好的 A.I.，让这些怪兽能够更有趣地移动。一开始，如果玩家足够近，怪兽应该追逐并攻击它。

3. 使用状态条为一些状态（例如生命值）创建更好的用户界面，而不只是显示数字。考虑在顶部添加一个有限的库存系统，甚至可能添加一个商店，玩家可以在那里卖出装备并获得更好的宝贝、恢复元气等。

附录 A
安装 Python 和 Pygame

本附录介绍如何按部就班地安装 Python 和 Pygame，配图详细介绍了每个步骤。Python 和 Pygame 都是很容易安装的，并且也很容易使用，但是不熟悉这些工具的人可能不知道从哪里开始。本附录介绍了这些步骤。

A.1 安装 Python

Python 的 Web 站点是 http://www.python.org。本书使用的是 Python 3.2。如果你已经安装了更早的版本，例如 2.7，本书中的代码将无法用 2.x 之前的版本编译。Python 语言在 3.0 版中有所改变。如果你使用的是 3.2 以后的版本，那么本书中的代码应该可以编译，但是，我无法保证这一点（显然这是未来的事情）。Python 很容易安装，因此，如果你要选择安装哪个版本的话，我建议你安装 3.2。

Python 3.2.1 的下载页面位于 http://www.python.org/download/releases/3.2.1/。

如果你使用的是 Windows，可能要下载 "Windows X86" 版本。如果你能够确定使用的是 64 位的 Windows，那么下载 "Windows X86-64" 版本。类似地，如果你使用 Mac，根据你所使用的 OS X 的版本，下载针对 Mac 的 32 位或 64 位版本。

为了便于参考，下面将会详细介绍安装 Python 的每个步骤（针对初学者）。高级读者可以跳过这些部分。首先，在运行安装程序的时候，会看到如图 A.1 所示的第一个界面。

接下来的界面如图 A.2 所示，允许你更改默认的安装目录。我建议你将其保留在默认的位置以方便文件关联，但是，如果需要的话，你也可以做出更改。

接下来是如图 A.3 所示的安装选项界面。我建议你只是将这些选项保留为默认值，除非你有修改它们的理由。

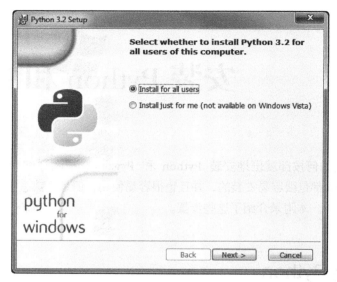

图 A.1　Python 3.2 安装程序的第一个界面

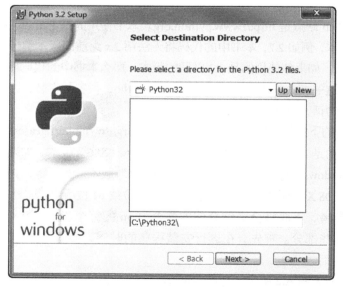

图 A.2　选择安装目录

　　接下来，我们会看到安装开始之前的最后一个界面，如图 A.4 所示。在单击 Finish 按钮之前，安装程序将会把文件安装到你指定的位置。

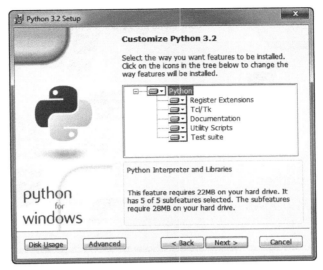

图 A.3　安装选项

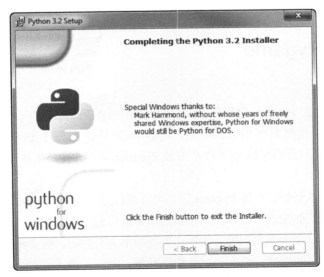

图 A.4　准备好开始安装

　　最后，我们会看到安装过程开始了，如图 A.5 所示。这将会直接显示出 Python 文件安装到你的计算机上的进度。

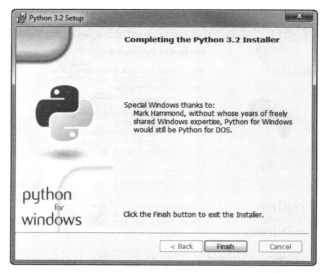

图 A.5　安装 Python 文件

A.2　安装 Pygame

　　Pygame 必须在 Python 之后安装，因为它是一个插件库。Pygame 不会自动地和 Python 一起安装。虽然名字相似，但是，Pygame 并不是由创建 Python 的同一开发者所创建的。因此，我们必须单独地下载并安装 Pygame，而这些，必须在已经安装了 Python 之后再进行。

　　在你阅读本书的时候，可能 Pygame 已经有了新版本了，但是，我强烈建议你安装 1.9 版，因为本书中使用的是这个版本。如果新的 2.x 版已经发布了，在使用 Pygame 新版编译代码的时候，你可能会遇到问题。使用 1.9 版则不会有问题。像 Pygame 这样的库的新版本，会发布很多新的功能，并不一定会修正问题。因此，请下载 Pygame 1.9。

　　Pygame 的 Web 站点是 http://www.pygame.org。

　　支持 Python 3.2 的 Pygame 1.9 的最新安装程序，是一个名为 pygame-1.9.2.a0.win32-py3.2.msi 的文件。注意，新的文件将来可能会添加到安装程序列表中，但是，这是你针对 Python 3.2 所要使用的版本。

还有一个替代的网站 http://www.lfd.uci.edu/~gohlke/pythonlibs/，其中也可以找到 Pygame 的安装程序，以及很多其他 Python 库的安装程序。你可以滚动这个完整的列表，以找到 Pygame。

当你运行 Pygame 安装程序的时候，它会自动检测 Python 安装文件夹并且将 Pygame 安装到该位置。没有什么需要修改的选项。

附录 B
Pygame 按键代码

　　如下是 Pygame 所识别的所有按键代码，以及键盘事件或键盘轮询。参见本书第 4 章了解如何使用这些按键代码的详细信息。

按　键	ASCII 码	常用名称
K_BACKSPACE	\b	回退
K_TAB	\t	制表
K_CLEAR		清除
K_RETURN	\r	回车
K_PAUSE		暂停
K_ESCAPE	^[	转义
K_SPACE		空格
K_EXCLAIM	!	惊叹号
K_QUOTEDBL	"	双引号
K_HASH	#	井号
K_DOLLAR	$	美元符号
K_AMPERSAND	&	And 符号
K_QUOTE	'	单引号
K_LEFTPAREN	(	左圆括号
K_RIGHTPAREN	)	右圆括号
K_ASTERISK	*	星号
K_PLUS	+	加号
K_COMMA	,	逗号
K_MINUS	−	减号
K_PERIOD	.	点号
K_SLASH	/	斜杠

续表▶▶

按　键	ASCII 码	常 用 名 称
K_0	0	0
K_1	1	1
K_2	2	2
K_3	3	3
K_4	4	4
K_5	5	5
K_6	6	6
K_7	7	7
K_8	8	8
K_9	9	9
K_COLON	:	冒号
K_SEMICOLON	;	分号
K_LESS	<	小于号
K_EQUALS	=	等号
K_GREATER	>	大于号
K_QUESTION	?	问号
K_AT	@	At 符号
K_LEFTBRACKET	[	左方括号
K_BACKSLASH	\	反斜杠
K_RIGHTBRACKET	]	右方括号
K_CARET	^	脱字符号
K_UNDERSCORE	_	下划线
K_BACKQUOTE	`	后引号
K_a	a	a
K_b	b	b
K_c	c	c
K_d	d	d
K_e	e	e
K_f	f	f
K_g	g	g
K_h	h	h
K_I	I	i

续表▶▶

按　　键	ASCII 码	常 用 名 称
K_j	j	j
K_k	k	k
K_l	l	l
K_m	m	m
K_n	n	n
K_o	o	o
K_p	p	p
K_q	q	q
K_r	r	r
K_s	s	s
K_t	t	t
K_u	u	u
K_v	v	v
K_w	w	w
K_x	x	x
K_y	y	y
K_z	z	z
K_DELETE		删除
K_KP	0	数字键盘 0
K_KP	1	数字键盘 1
K_KP	2	数字键盘 2
K_KP	3	数字键盘 3
K_KP	4	数字键盘 4
K_KP	5	数字键盘 5
K_KP	6	数字键盘 6
K_KP	7	数字键盘 7
K_KP	8	数字键盘 8
K_KP	9	数字键盘 9
K_KP_PERIOD	.	数字键盘点号
K_KP_DIVIDE	/	数字键盘除号
K_KP_MULTIPLY	*	数字键盘乘号

续表▶▶

按　　键	ASCII 码	常 用 名 称
K_KP_MINUS	-	数字键盘减号
K_KP_PLUS	+	数字键盘加号
K_KP_ENTER	\r	数字键盘回车
K_KP_EQUALS	=	数字键盘等号
K_UP		向上箭头
K_DOWN		向下箭头
K_RIGHT		向右箭头
K_LEFT		向左箭头
K_INSERT		插入键
K_HOME		Home 键
K_END		End 键
K_PAGEUP		Page Up 键
K_PAGEDOWN		Page Down 键
K_F1		F1
K_F2		F2
K_F3		F3
K_F4		F4
K_F5		F5
K_F6		F6
K_F7		F7
K_F8		F8
K_F9		F9
K_F10		F10
K_F11		F11
K_F12		F12
K_F13		F13
K_F14		F14
K_F15		F15
K_NUMLOCK		NumLock 键
K_CAPSLOCK		CapsLock 键
K_SCROLLOCK		ScrollLock 键

续表▶▶

按　键	ASCII 码	常 用 名 称
K_RSHIFT		右 Shift
K_LSHIFT		左 Shift
K_RCTRL		右 Ctrl
K_LCTRL		左 Ctrl
K_RALT		右 Alt
K_LALT		左 Alt
K_RMETA		Right Meta
K_LMETA		左 Meta 键
K_LSUPER		左 Windows 键
K_RSUPER		右 Windows 键
K_MODE		Mode Shift 键
K_HELP		Help 键
K_PRINT		Print Screen 键
K_SYSREQ		Sysrq 键
K_BREAK		Break 键
K_MENU		Menu 键
K_POWER		Power 键
K_EURO		Euro 键